Anton Friedrich von Tröltsch

Die Anatomie des Ohres

In ihrer Anwendung auf die Praxis und die Krankheiten des Gehörorganes

Anton Friedrich von Tröltsch

Die Anatomie des Ohres
In ihrer Anwendung auf die Praxis und die Krankheiten des Gehörorganes

ISBN/EAN: 9783743455573

Hergestellt in Europa, USA, Kanada, Australien, Japan

Cover: Foto ©berggeist007 / pixelio.de

Manufactured and distributed by brebook publishing software
(www.brebook.com)

Anton Friedrich von Tröltsch

Die Anatomie des Ohres

DIE
ANATOMIE DES OHRES

IN IHRER ANWENDUNG AUF DIE PRAXIS

UND DIE

KRANKHEITEN DES GEHÖRORGANES.

BEITRÄGE

ZUR

WISSENSCHAFTLICHEN BEGRÜNDUNG DER OHRENHEILKUNDE.

VON

DR. VON TRÖLTSCH,

PRAKT. ARZTE.

WÜRZBURG.

VERLAG DER STAHEL'SCHEN BUCH- UND KUNSTHANDLUNG.

1861.

DRUCK VON F. E. THEIN IN WÜRZBURG.

VORWORT.

Am Beginne dieser Abhandlung, welche dem Wunsche, der hiesigen medizinischen Fakultät als Mitglied anzugehören, ihre Entstehung verdankt, drängt es mich, dieser Körperschaft, aus welcher ich Viele noch als meine Lehrer verehre, meinen Dank auszudrücken für die vielfache Unterstützung meiner Bestrebungen und die mannichfachen Beweise der Liberalität, welche sie mir, obwohl bisher nicht ihrem Verbande angehörend, bereits zu Theil werden liess. Nicht nur, dass sie sich meiner warm annahm, als vor Jahren die Ungunst der Verhältnisse es mir verwehren wollte, mich hier in Würzburg als Arzt niederzulassen — es wurde mir zugleich, in ehrender Anerkennung meines Strebens, die stete Ueberlassung alles anatomischen Materials zugesichert, welches ich zu meinen wissenschaftlichen Arbeiten nöthig hätte.

Wenn ich von dieser Liberalität nun seit bald 5 Jahren den ausgiebigsten Gebrauch machen und meinen wissenschaftlichen Wirkungskreis zur Förderung der Ohrenheilkunde seit einem Jahre selbst auf die Thätigkeit als Lehrer ausdehnen konnte, so bin ich hiefür hauptsächlich den Vorständen der anatomischen Anstalt auf's tiefste verpflichtet, unter welchen ich wiederum am meisten den Männern für Unterstützung in Wort und That und für werkthätige Theilnahme an all meinen Arbeiten zu danken habe, welche mir gestattet haben, ihre Namen an die Spitze dieser Schrift zu setzen.

Seit bald 5 Jahren verwende ich den grössten Theil meiner freien Zeit auf Untersuchungen im Gebiete der normalen und der pathologischen Anatomie des Gehörorganes, und bald sind es 4 Jahre, dass ich mich auch in praktischer Beziehung in immer zunehmendem Umfange mit den Krankheiten dieses Organes befasse. Durch dieses Zusammentreffen glaube ich mich allerdings berechtigt und berufen, eine angewandte Anatomie des Ohres zu schreiben.

In Anwendung praktischer Erfahrungen auf die Physiologie des Ohres habe ich mich möglichst beschränkt, weil ich finde, dass das *Haller*'sche Wort: „pathologia physiologiam illustrat" nirgends wohl unbescheidener benützt und ausgelegt wird, als in der Ohrenheilkunde. Die Aerzte können allerdings aus dem Schatze ihrer Beobachtungen Beiträge, und zwar sehr werthvolle Beiträge zur Physiologie liefern, allein machen können sie dieselbe nicht. Hier ist aber gerade Vieles noch von Anbeginn an zu machen, und das müssen wir den Physiologen vom Fache überlassen. Was aber die Ohrenärzte bisher darin geleistet, davon möchte ich das Wenigste auf mein Gewissen nehmen.

Ausserdem glaube ich, wird es wenig wichtige Fragen auf diesem Gebiete geben, welche ich nicht einigermassen vom anatomischen Standpunkte aus beleuchtet; erschöpft habe ich natürlich keine, und ist dies auch nicht der Ort dazu.

Ich wünschte die Ueberzeugung allgemein zu machen, dass auch die Ohrenheilkunde einer exakten Auffassung im hohen Grade fähig ist, und dass es somit auch in wissenschaftlicher Beziehung der Mühe werth sei, sich mit den Erkrankungen des Gehörorganes abzugeben. Hat sich einmal diese Anschauung Bahn gebrochen, so wird man bald allgemein einsehen, dass der Arzt hier mindestens ebenso nützen und ebenso wirksam eingreifen könne, als

bei der Mehrzahl der übrigen Leiden des Menschenge-
schlechtes der Fall ist. Eine genaue Kenntniss der Theile
ist hier aber, wie allenthalben, zuerst nöthig. Möge es
mir gelungen sein, Einiges zur Aufklärung der Praktiker
und zur Abschwächung der über diesem Gebiete lastenden
Vorurtheile beigetragen zu haben!

WÜRZBURG im November 1860.

Wesentlichster Inhalt.

Störende Druckfehler.

S. 3. Z. 14. v. U. l. wovon statt wenn
S. 4. Z. 5. l. nach statt auch
S. 10. Z. 5. v. U. l. derselben statt desselben
S. 24. Z. 21. l. mir ein statt mire in
S. 57. Z. 12. v. U. l. Hüllen statt Zellen
S. 57. Z. 15. v. U. l. welche statt welcher
S. 67. Z. 11. l. beträgt statt betrifft.

§. 1.

Wir folgen der in neuerer Zeit allenthalben angenommenen Eintheilung in äusseres, mittleres und inneres Ohr, indem dieselbe in jeder Beziehung die passendste ist. Unter „äusseres Ohr" wird hiebei Ohrmuschel, äusserer Gehörgang und Trommelfell begriffen; unter „mittleres Ohr" oder „Mittelohr" Paukenhöhle, der Warzenfortsatz mit den angränzenden Zellenräumen, und die Eustachische Röhre mit ihren gewöhnlich beim weichen Gaumen abgehandelten Muskeln; unter „inneres Ohr" endlich der Gehörnerve, seine Ausbreitung im Labyrinthe und die knöcherne Umhüllung dieser Theile.

I. Aeusseres Ohr.

§. 2.

a. Die Ohrmuschel

bietet für unsere praktischen Betrachtungen ein verhältnissmässig geringes Interesse dar, indem sie nur selten für sich allein erkrankt, und wenn sie an den Affectionen der Umgegend Theil nimmt, die Erscheinungen dabei nichts Besonderes zeigen.

Grösse, Form, Bildung und Anheftungswinkel der Ohrmuschel unterliegen einer grossen Verschiedenheit und kommen hier sehr viele Varietäten vor, welche man nicht selten gleichzeitig in Einer Familie findet. Manche von ihnen mögen auch zu den National- und Racen-Eigenthümlichkeiten gezählt werden können.

Die Ohrmuschel ist mit dem äusseren Gehörgange und der Tuba Eustachii derjenige Theil des Gehörorganes, welcher sein Wachsthum und seine Entwicklung am spätesten abschliesst. Während nach der Geburt das Labyrinth kaum mehr wächst, Paukenhöhle und Trommelfell jedenfalls nur wenig, sind jene Theile post partum noch vielen Veränderungen unterworfen, wie sie sich auch vor der

Geburt nur langsamer und allmäliger entwickeln und ausbilden. Ueber die Höhe der Muschel und ihr Wachsthum bei Embryonen gewann ich durch eine Reihe von Messungen folgende Maasse, welche vielleicht in zweifelhaften Fällen Anhaltspunkte zur Beurtheilung des Alters eines Foetus geben könnten. Der grösste Längsdurchmesser, die Höhe der Ohrmuschel beträgt bei einem Foetus von der 10.—11. Woche 2 Mm.; bei Embryonen vom dritten Monat 4—5 Mm., vom vierten Monat $5\frac{1}{4}$—$7\frac{1}{4}$ Mm., vom fünften 8—12 Mm., vom sechsten 14—17 Mm., vom siebenten 16—24 Mm., bei einem achtmonatlichen 26 Mm., bei neunmonatlichen 26—28; beim reifen Neugebornen endlich 33—36 Mm. (Zu bemerken ist, dass diese Maasse von Spirituspräparaten genommen, also wohl durchgehends beim frischen Foetus etwas grösser ausfallen mögen.)

In neuerer Zeit wurde namentlich von *Garrod* *) auf das häufige Vorkommen von harnsauren Concrementen in der Ohrmuschel bei Arthritikern aufmerksam gemacht, ja nach *Garrod* wären diese arthritischen Deposita in der Muschel am häufigsten unter allen äusserlich wahrnehmbaren dieser Art, daher sie für die Diagnose der Gicht eine gewisse Bedeutung hätten. Unter 17 Gichtkranken, bei denen Ablagerungen von harnsaurem Natron überhaupt sich äusserlich nachweisen liessen, fand *G.* solche 9 mal am Ohr und zugleich in der Nähe der Gelenke, 7 mal solche allein an der Ohrmuschel, und nur in Einem Falle, wo sie an den Gelenken aufzufinden, konnten keine an der Muschel nachgewiesen werden. Man soll dieselben, häufig mehrere an einem Ohre, am öftesten am oberen Theile der Rinne des Helix finden; im unteren Drittheile der Muschel wurden sie noch nicht beobachtet; ihr Umfang variirt von Stecknadel- bis Erbsengrösse. Am häufigsten sollen sie sich bilden nach einem arthritischen Anfalle, gewöhnlich ohne alle örtlichen Symptome; manchmal entwickelt sich jedoch in ihnen vor dem Anfalle etwas Schmerz oder Stechen. *Charcot* (Gazette méd. de Paris 1860, p. 487) bestätigte vor der Société de biologie diese Beobachtungen und erweiterte sie in mancher Beziehung. Ich möchte aufmerksam machen, dass nicht selten bei ganz jungen und anderen Individuen, die durchaus nicht an harnsaurer Gicht zu leiden scheinen, verschieden grosse umschriebene, theilweise im Knorpel bewegliche, harte Stellen an der Ohrmuschel, namentlich am oberen Theile der Rinne des Helix sich finden, über deren Natur ich nichts Näheres angeben kann,

---

*) *Garrod*, the nature and treatment of gout. London 1859.

welche aber wie particlle Verkalkungen oder Verknöcherungen sich anfühlen. Dass umschriebene Verkalkungen im Netzknorpel des Ohres vorkommen, haben *Leuckart* und *Heinr. Müller* *), wenigstens bei Thieren, nachgewiesen und könnten solche jedenfalls leicht mit den obengeschilderten, aus harnsaurem Natron zusammengesetzten Concrementen bei Arthritikern, verwechselt werden.

Schon *Lavater* hat bekanntlich der Gestalt der Ohrmuschel eine gewisse physiognomische Bedeutung beigelegt. Dr. *Amédée Joux* **) geht in neuerer Zeit noch weiter und macht in ausgedehntester Weise von der Form der Ohrmuschel Schlüsse auf Charakter und Geist der Individuen. Ein weisses geschmeidiges Ohr von harmonischer und eleganter Form mit einem tadellosen Läppchen, von geziemender Grösse, das sich endlich günstig an den Kopf ansetze, könne keinem gemeinen Menschen gehören, so wenig als einem mittelmässigen. Wenn dagegen das Ohr roth, dick und plump, sein Läppchen massiv und stark injizirt sei, wenn dieses Organ in keinem richtigen Verhältniss in seinen einzelnen Theilen stehe, nicht gut vom Kopfe abstehe, die Muschel eine thierische und ungenügende Gestalt habe, so sei der Träger von der Natur vernachlässigt, seine Neigungen seien unnobel und tadelhaft. *Joux* behauptet ferner, keines der Organe am menschlichen Körper verpflanze so die Aehnlichkeit des Vaters auf die Kinder, als die Ohrmuschel und man könne daher aus der Form des Ohres häufig ein Urtheil fällen über die Aechtheit der Abstammung der Kinder resp. die eheliche Treue der Mutter. „Montre-moi ton oreille, je te dirai, qui tu es, d'où tu viens et où tu vas." —

§. 3.

b. Der äussere Gehörgang

besitzt nach Alter und Individualität eine verschiedene **Länge**. Im Durchschnitte kann man dieselbe beim Erwachsenen auf 1 Zoll bestimmen (genauer 24 Mm.), wenn ein Drittel (8 Mm.) auf den knorpeligen, zwei Drittheile (16 Mm.) auf den knöchernen Kanal kommen. Ganz anders verhält sich dies beim Kinde und beim Neugebornen, abgesehen, dass deren Gehörgang viel enger und kürzer ist. Das neugeborne Kind besitzt noch gar keinen knöchernen Gehörgang, welcher sich erst sehr allmählig entwickelt und zwar theils (vordere und untere Wand) aus dem Annulus tympanicus, dem selbständigen bereits bei der Geburt vollständig ossificirtem Knochenringe, welcher das kindliche Trommelfell umgibt, theils (hintere und untere Wand) durch Zunahme jener anfangs ganz oberflächlichen Einsenkung der Schuppe, an deren Ende das Trommelfell liegt. Diese von innen

---

*) Siehe *Heinr. Müller*: Ueber verkalkte und poröse Kapseln im Netzknorpel des Ohres". Würzburger naturwissenschaftl. Zeitschrift I. Bd. 1. Hft. S. 92 u. ff.

**) Gazette des Hôpitaux, Févr. 1854.

nach aussen fortschreitende Verknöcherung geht indessen nicht gleichmässig vor sich, sondern es bleibt in der Mitte der vorderen Wand
des knöchernen Gehörganges noch lange eine nur durch Fasergewebe
ausgefüllte rundliche Lücke übrig, welche am Ende des zweiten
Lebensjahres noch etwa kirschkerngross und zugleich auch aussen
offen ist, und sich (nach *Huschke*) erst im vierten Jahre vollkommen
schliesst, so aber, dass diese Stelle auch später dünner ist, als der
äussere und innere Theil der vorderen Gehörgangswand. Bei einem
vollständig normalen „Scelett eines fünfjährigen Kindes" der hiesigen
anatomischen Sammlung findet sich noch eine etwa 3 Mm. im Durchmesser haltende rundliche Oeffnung, sowie auch an mehreren Schädeln
jüngerer Individuen, deren knöcherner Gehörgang sein vollständiges
Längenwachsthum erreicht hat, kleine Lücken in der vorderen Wand
vorkommen, so dass die Verknöcherung des Gehörgangs wohl oft noch
später nicht ganz abgeschlossen ist. Wenn man sich dieser eigenthümlichen Thatsache nicht bewusst ist, könnte man die mit unregel-
mässigem ausgezacktem und verdünntem Rande versehene Oeffnung
im knöchernen Gehörgange kleiner Kinder leicht für pathologisch,
für Folge von Caries halten, besonders wenn in der Nähe ein cariöser
Process vorhanden. Dagegen ist wohl gedenkbar, dass diese anfangs
lückenhafte, später verdünnte Stelle bei pathologischen Processen entzündlicher oder eiteriger Natur daselbst eine gewisse Bedeutung
erlangen könnte, indem sie jedenfalls den schädlichen Einfluss solcher
Erkrankungen auf die Umgebung und die Weiterverbreitung der Entzündung auf die Nachbartheile, also besonders Unterkiefer und parotis,
zu erleichtern und zu entwickeln vermag. Obwohl ich bisher eine
verhältnissmässig viel grössere Anzahl von Caries des Felsenbeins
bei Erwachsenen als bei Kindern zur Beobachtung bekam, sah ich
bei ersteren nie in Gemeinschaft damit cariöse Erkrankung des
Unterkiefers, dagegen traf ich dies bereits zweimal bei kleinen Kindern.
Es mag dies mit den geschilderten Verhältnissen zusammenhängen,
sowie mit dem Umstande, dass die Fissura Glaseri im frühen Kinds-
alter eine ziemlich weite nur mit Weichtheilen ausgefüllte Spalte
zwischen den Knochen darstellt und auch auf diesem Wege einer
Weiterentwicklung des krankhaften Processes gegen den Unterkiefer
zu leichter Raum gegeben ist.

Ungenau ist die Angabe der Autoren, dass beim Kinde der
ganze Gehörgang knorpelig sei. Nur der äussere Theil des kindlichen Gehörganges ist knorpelig, der innere, soweit die Verknöcherung noch nicht vorgeschritten, besteht aus einer häutigen
Röhre, an welche der knorpelige Kanal, wie später an den Knochen

sich ansetzt. Beim Neugeborenen bildet dieser innere häutige Theil ungefähr die Hälfte des ganzen Ohrkanals; allmählich vermindert er sich durch die von innen fortschreitende Knochenbildung immer mehr und schwindet endlich zu jener dehnbaren, häutig-faserigen Masse, welche beim Erwachsenen den knorpeligen Gehörgang mit dem knöchernen verbindet.

Die Länge des Gehörganges wird von den verschiedenen Autoren sehr abweichend angegeben. So nimmt *Hyrtl* als Länge des ganzen äusseren Gehörganges (Längenaxe desselben) 9''' — 1'' an, *Comparetti* 9''', *Magendie* und *Malgaigne* 10 — 12''', *Krause* und *Arnold* übereinstimmend 12''' (von denen 4 — 5''' auf den knorpeligen, 7 — 8''' auf den knöchernen Gehörgang kommen), während *M. J. Weber* sie auf 12 — 16''', *J. Fr. Meckel* auf 1½'', *Huschke* auf 10—17''', endlich *Buchanan* auf 15—18''' berechnen. Diese Angaben beweisen, dass hier jedenfalls sehr bedeutende individuelle Schwankungen vorkommen, indessen hängt auch sehr viel davon ab, wo und wie man misst, indem der schiefen Lage des Trommelfells wegen einmal die Länge der einzelnen Gehörgangswände eine verschiedene, dann der knorpelige Gehörgang nicht in einer einheitlichen Ebene in die Muschel übergeht, so dass eine solche, also der äussere Anfang des Gehörgangs erst künstlich bestimmt werden muss. Zu grosse Zahlen erhält man, wenn man nur vorn oder unten, selbst mit Weglassung der Länge des tragus misst, zu kleine, wenn man dies nur oben oder hinten thut. Ein Theil der hohen Angaben mag sich auf ein solches Verfahren beziehen lassen, und muss *J. Fr. Meckel* jedenfalls den ganzen tragus mit zum Gehörgange gerechnet haben, indem er auch das Verhältniss von knorpeligem und knöchernem Kanal gerade umgekehrt angibt, nämlich ⅓ (1'') für den knorpeligen und ½ (6''') für den knöchernen Gehörgang. Um die Längsaxe des Gehörgangs möglichst genau zu erhalten, mass ich die Länge jeder einzelnen Gehörgangswand, der vorderen, unteren, hinteren und oberen und zog aus den erhaltenen Zahlen das Mittel. Dabei erschien es mir am passendsten, die äussere Grenze des Gehörgangs, den Beginn desselben, durch eine Ebene zu bestimmen, welche ich vom Anfange seiner hinteren Wand vertical durch den Kanal legte; auf diese Weise fällt der ganze tragus weg, welcher jedenfalls zur Muschel und nicht zum Gehörgange zu rechnen ist. Durch Zusammenstellung einer Reihe von solchen Durchschnittszahlen erwuchsen dann die obigen Ziffern, 16 Mm. für den knöchernen, 8 Mm. für den knorpeligen Gehörgang; als durchschnittliche Länge der einzelnen Gehörgangswände ergab sich mit Weglassung von Bruchtheilen: Vordere Wand 27 (9, 18); untere 26 (10, 16); hintere 22 (7, 15); obere 21 (7, 14); wobei die eingeschlossenen Zahlen die Maasse des knorpeligen und knöchernen Abschnittes bedeuten. — Am verschiedensten stellt sich beim Kinde die Länge der einzelnen Gehörgangswände heraus, weil dort das Trommelfell fast horizontal liegt und dasselbe beim Neugebornen beinahe die Fortsetzung der oberen hinteren Wand des Gehörgangs bildet, nahezu in einer Geraden mit ihr liegt.

§. 4.

Die Thatsache, dass die beiden Theile des Gehörganges nicht unmittelbar und unbeweglich mit einander verwachsen, sondern durch

eine dehnbare und verschiebbare Zwischenmasse gegenseitig verbunden
sind, hat eine grosse praktische Bedeutung für alle am äusseren Ohre
vorkommenden Manipulationen, insbesondere für die Untersuchung
und Besichtigung der tieferen Theile und des Trommelfells, weil uns
auf diese Weise durch geeignetes Dehnen und Ziehen des knorpeligen
Gehörgangs resp. der Muschel nach oben und hinten ein Gerade-
richten des gekrümmten Kanals bereits mit der Hand ermöglicht ist,
was nicht stattfinden könnte, wenn knorpeliger und knöcherner Gehörgang fest mit einander verwachsen wären, wie z. B. knorpelige und
knöcherne Tuba Eustachii.   Erleichtert und vermehrt wird diese
passive Beweglichkeit und Dehnbarkeit des knorpeligen
Gehörgangs noch dadurch, dass er selbst ähnlich der Trachea
gebaut ist, also keinen geschlossenen Cylinder darstellt, sondern nach
oben hinten in ziemlich beträchtlichem Umfange offen, und dort nur
durch eine häutige Schichte geschlossen ist, ausserdem auch Einschnitte, längliche Spalten besitzt, die sogenannten Incisurae Sartorini,
welche wiederum blos von dehnbarem Gewebe ausgefüllt sind. —
Nach aussen, mit der Muschel, ist der knorpelige Gehörgange dagegen allseitig fest verwachsen, so dass jede Bewegung der Muschel
auch eine solche des knorpeligen Kanales in derselben Richtung mit
sich bringt, was wir denn auch fortwährend in praxi beim Untersuchen des Gehörgangs und des Trommelfells benützen.

Das fibröse Gewebe, welches die oben hinten liegende Lücke
des knorpeligen Gehörgangs ausfüllt, ist für gewöhnlich durch straffe
Fasern an die Schuppe des Schläfenbeins befestigt, somit gespannt;
bei alten Leuten scheint eine Erschlaffung dieser Theile nicht selten
stattzufinden, und es wird dann diese häutige Masse nicht mehr
nach oben gespannt, sondern sinkt in das Lumen des Gehörganges
herein, welcher dadurch je nach dem Grade der Erschlaffung mehr
oder weniger verengert wird.   Dieses Verhalten scheint mir die
hauptsächlichste Ursache der bei Greisen nicht gerade seltenen
schlitzförmigen Verengerung des Gehörganges zu sein
und in einem sehr ausgeprägten Falle dieser Art, welcher mir zu
Lebzeiten bereits auffiel und den ich später anatomisch untersuchen
konnte, liess sich diese Entstehungsart ganz gut nachweisen. Wenn
sehr hochgradig, kann eine solche schlitzförmige Verengerung des
knorpeligen Gehörganges denselben vollständig abschliessen und so
zu Taubheit führen, auf welche, nach meiner Erfahrung seltene,
Form von Taubheit zuerst *Larrey* der Vater aufmerksam gemacht
hat; häufiger mag sie zu Ansammlung von Ohrenschmalzpfröpfen
beitragen, welche gerade bei alten Leuten am öftesten vorkom-

men. Die beim schwerhörenden Publikum ziemlich oft zu treffenden „*Abrahams*", kleine silberne oder goldene Röhrchen mit trichterförmiger Erweiterung, welche als für alle Formen von Taubheit nützlich empfohlen und von den Patienten wegen ihrer Kleinheit und Unsichtbarkeit gerne gekauft werden, gewähren für die erwähnten Verengerungen, aber auch nur für sie, einigen Nutzen. *Larrey* bezog diese Verengerung des Gehörganges bei alten Leuten auf ein Zusammendrücken von Seite des Gelenkkopfes des Unterkiefers, welcher nach dem Ausfallen der Backenzähne mehr nach hinten und oben zu stehen komme. Dass die Bewegungen des Unterkiefers, somit die Stellung des Gelenkkopfes, von Einfluss sind auf die vordere Wand des knorpeligen Gehörganges, kann man leicht an sich selbst fühlen, wenn man die Fingerspitze in die Ohröffnung einführt und nun den Mund öffnet und schliesst; bei Entzündungen des Gehörganges erregt auch jede intensive Kieferbewegung, wie Kauen und Gähnen, heftige Schmerzen. Es scheint ferner sehr wahrscheinlich, dass für gewöhnlich die Kieferbewegungen und ihre Einwirkung auf den Gehörgang die allmälige Entfernung des abgesonderten Ohrenschmalzes nach aussen befördern. Auf der andern Seite liesse es sich indessen nach der anatomischen Anordnung des Kinnbackengelenkes kaum denken, dass je ein vollständiger Verschluss des Gehörgangs durch eine veränderte Stellung des Gelenkkopfes verursacht werden könnte, wie dies *Larrey* annimmt. Ebenso öffnen sicher die Schwerhörigen beim aufmerksamen Horchen nicht desshalb den Mund, weil dadurch der Gehörgang erweitert wird, wie man dies oft liest. Denn einmal ist die dadurch eintretende Erweiterung eine äusserst geringe und schadet auch eine selbst beträchtliche Verengerung des Gehörganges, so lange sie nicht bis zum Verschluss gediehen ist, der Hörschärfe nur sehr wenig.

Die eigenthümlichen anatomischen Verhältnisse des knorpeligen Gehörganges, welcher nach den verschiedenen Seiten verschieden weit von einer knöchernen Grundlage entfernt ist und dessen Wandungen bald von häutigen bald von knorpeligen Elementen gebildet sind, erklärt uns zum grossen Theil die auffallende Verschiedenheit in den Erscheinungen der ziemlich häufigen furunculösen Abscesse daselbst. Selbst bei gleicher Ausdehnung des entzündlichen Processes verlaufen dieselben bald unter sehr geringen örtlichen Störungen, bald steigern sich die letzteren zu einer äusserst quälenden Heftigkeit und führen zu gleicher Zeit febrile Aufregung des ganzen Organismus herbei, welche Verschiedenheiten von dem jeweiligen Sitze des subcutanen Abscesses und seiner mehr oder weniger nachgiebigen Unterlage abhängig sind.

8

§. 5.

Was die **Richtung** und den **Verlauf** des **Gehörganges** betrifft, so mögen mir die Anatomen von Fach nicht übel nehmen, wenn ich die meisten ihrer Beschreibungen für viel zu gründlich und verwickelt halte, um leicht verständlich zu sein. Es mag wohl damit zusammenhängen, dass die Praktiker in Erinnerung an die vielerlei Krümmungen, die verwickelten Biegungen, Vorsprünge und Winkel des Gehörganges, welche in den anatomischen Handbüchern verzeichnet stehen, so häufig auf die Möglichkeit sich hier zu orientiren, verzichten, und wenn sie eine Besichtigung der tieferen Theile insbesondere des Trommelfells unternehmen, gar oft das, was sie sehen wollen, am unrichtigen Ort suchen und sich den mannichfachsten Täuschungen über den Thatbestand hingeben. Die Sache ist indessen ziemlich einfach, wenn man nur das Wesentlichste berücksichtigen will und möchte hier die Untersuchung am Lebenden zum Studium der Verhältnisse weit dienlicher sein, als die an der Leiche. Das Wesentlichste an dem krummen Verlaufe des ganzen Gehörganges und somit auch das Haupthinderniss einer freien Besichtigung des Grundes desselben und des Trommelfells beruht in dem Winkel, welcher durch die Vereinigung der beiden Abtheilungen dieses Kanales, des knöchernen und knorpeligen Abschnittes, entsteht. Die Längsaxen dieser beiden Kanäle liegen nämlich nicht in Einer Geraden, sondern sie stossen in einem ziemlich weiten stumpfen Winkel zusammen, welcher nach unten und vorn offen ist. Dieser gegen das Lumen des Gehörganges verschieden stark einspringende Winkel bildet gewissermassen die Wegscheide, von welcher aus jeder Kanal in seiner Richtung, der knorpelige nach aussen zur Ohröffnung, der knöcherne nach innen gegen das Trommelfell zu, jeder nach vorn und unten sich hinzieht, und zwar so, dass die Enden beider Kanäle, äussere Ohröffnung und Trommelfell, in den meisten Fällen (beim Erwachsenen) wieder in gleicher Höhe liegen, die Senkung jedes Kanals also nahezu eine gleichstarke ist.

Sobald wir die äussere Hälfte des Gehörganges, den knorpeligen Kanal erheben und zugleich nach hinten ziehen, so muss somit dieser winkelige Verlauf des Ganges ausgeglichen und in einen gradlinigen verwandelt werden. Dass der knorpelige Gehörgang vermöge der Beweglichkeit und Dehnbarkeit in seinem Ansatze und seinem Baue leicht nach hinten und oben gezogen werden kann, haben wir bereits oben gesehen. Wir bewerkstelligen dies sehr einfach durch entsprechenden Zug an der Ohrmuschel mit der Hand und wenn wir zur Untersuchung des Trommelfelles uns instrumenteller Hülfe, der „Ohrspiegel" oder „Ohrtrichter", bedienen, so haben wir denselben eigentlich nicht zur Geraderichtung des Gehörgangs nöthig, wie das gewöhnlich angegeben wird, sondern nur, um den mittelst Zug der Hand bereits gerade gerichteten Ohrkanal leichter so zu erhalten und zugleich weitere impedimenta visus, die kleinen, von der Wand ausgehenden Haare etc. an dieselbe anzudrängen. Sind diese Haare wenig entwickelt oder der Gehörgang sehr weit, so genügt der angegebene Zug der Hand vollständig, um das Trommelfell ohne Weiteres zu sehen. (Eine abnorme Weite mit ungewöhnlich geradem Verlaufe des Gehörgangs scheint bei vielen Leuten von der Gewohnheit herzurühren, mit den Fingern häufig in der Ohröffnung herumzubohren.)

Wird die Ohrmuschel und somit der knorpelige Kanal nicht genügend nach hinten und oben gezogen, bei der Untersuchung des Trommelfells, so bekommt man in der Regel, man mag dieses oder jenes Instrumentes sich bedienen, nur den hinteren und oberen Theil der Gehörgangswand und des Trommelfells zu Gesicht, nicht aber deren vordere Parthien. Eben so verhält es sich bei verschiedenen für die Tiefe des Gehörganges berechneten Vornahmen, wie z. B. beim Ausspritzen; wird hiebei nicht gleichzeitig die Krümmung des Ohrkanals ausgeglichen, so trifft die hauptsächlichste Wirkung nur die obere Wand, während die tieferen Theile und das Trommelfell wenig oder gar nicht von dem Wasser berührt werden. Da nun gerade diejenigen Ohrenleiden, welche das Allgemeinbefinden und das Leben der Patienten am häufigsten beeinträchtigen, die Otorrhöen, in ihrem Verlaufe und ihrem Ausgange am meisten von der richtigen Entfernung des eiterigen Sekretes aus der Tiefe, resp. einem passenden Ausspritzen des Ohres, abhängig sind, so mag es wohl der Mühe werth sein, an diese anatomischen Verhältnisse zu erinnern. Wenn der Arzt, welcher Einspritzungen des Ohres verordnet, sicher sein will, dass dieselben auch passend gemacht werden, muss er stets dem Patienten oder seiner Umgebung die geeigneten Unterweisungen ertheilen und es sich von den Leuten zeigen lassen, wie sie sich dabei anstellen, sonst wird seine Verordnung häufig von geringem Nutzen sein. —

Wie die Weite des Gehörganges und seine winkelige Krümmung bei verschiedenen Personen sehr wechselnd entwickelt ist, so begegnet man auch nicht so gar selten einer mehr oder weniger starken Einwärtsbiegung der vorderen Knochenwand dicht am Trommelfell, welche manchmal den vordersten Theil dieser Membran unseren Blicken vollständig entzieht und uns eine Besichtigung dieser häufig wichtigen Parthie auch bei möglichsten Zuge des Knorpels nach hinten absolut unmöglich macht. Diese solchen Variationen unterworfene Knochenlamelle bildet zugleich die hintere Wand der Gelenkgrube des Unterkiefers. Ob eine besondere Stellung des Gelenkkopfes damit in Verbindung zu bringen ist, kann ich nicht sagen. Das Angegebene kommt indessen nicht blos bei zahnlosen alten Leuten vor.

Ganz anders als beim Erwachsenen verhält sich die Richtung des Ohrkanales bei kleinen Kindern, bei denen er ohne ausgesprochene Krümmung mehr von oben nach unten verläuft, so dass das Trommelfell merklich tiefer liegt, als die äussere Ohröffnung. Es ist dieses Verhältniss in sofern keineswegs gleichgültig, als gerade bei kleinen Kindern eiterige Prozesse im äusseren Gehörgange ungemein häufig sind und durch diesen Verlauf des Kanals der Eiter viel weniger leicht nach aussen sich entleeren kann, sondern um so eher in den tiefer gelegenen Theilen sich ansammeln und daselbst auf Trommelfell und Umgegend schädlich einwirken wird. Spritzt man das Ohr solcher Kinder aus, so muss man dieses abhängigen Verlaufes des Ohrkanals sich wohl erinnern.

§. 6.

Einen weiteren, aber eigentlich mehr raumverengernden, Einfluss auf den Verlauf und das Lumen des Gehörganges hat die Innenwölbung der vorderen und der hinteren Knorpelwand, welche wir dicht nach dem Beginne des Ohrkanales von aussen erblicken. Diese Stelle wird dadurch zur engsten des ganzen Gehörganges; sie allein müssen wir auch erweitern bei der Untersuchung des Trommelfells. Wie dies viel vortheilhafter mittelst solider Trichter, als mittelst der fast allgemein gebräuchlichen zangenförmigen (*Kramer*'schen) Ohrspiegel geschieht, wie ferner die Geraderichtung des Gehörganges für die praktischen Bedürfnisse am besten bewerkstelligt und erhalten wird, darüber habe ich mich bereits ausführlich an einem anderen Orte ausgesprochen *).

Die Weite des Gehörganges ist zu verschieden, als dass Messungen desselben einen besondern Werth hätten; sie ist selbst

---

*) „Die Untersuchung des Gehörgangs und Trommelfells. Ihre Bedeutung. Kritik der bisherigen Untersuchungsmethoden und Angabe einer neuen. Ein Leitfaden zur Untersuchung des Ohres für prakt. Aerzte." Berlin 1860. (Separatabdruck aus der „deutschen Klinik" N. 12 u. ff.)

bei Einem Individuum auf beiden Seiten nicht stets gleich. Man betrachte nur eine grössere Reihe von mazerirten Schädeln, um zu sehen, welch grosse Mannichfaltigkeit in der Weite und der Form der knöchernen Ohröffnung stattfindet. Kaum ein Schädel ist hierin dem andern gleich, bald ist die Oeffnung mehr rundlich, bald mehr oval, und die Längsaxe bald mehr bald weniger schief gestellt. Beim Erwachsenen ist der Querdurchmesser in der Regel kleiner, als der Höhendurchmesser und besitzt der Durchschnitt sowohl des knorgeligen als des knöchernen Kanals die Form eines Ovals oder einer Ellipse. Während die Längsaxe dieses Ovals an der Ohröffnung von oben nach unten verläuft, so dreht sie sich bald nachher seitlich und geht dann in schiefer Richtung von oben und vorn nach unten und hinten. *Malgaigne* namentlich machte darauf aufmerksam, wie man diese Verhältnisse beim Entfernen fremder Körper aus dem Ohre benützen müsse, wenn dieselben eine rundliche Gestalt haben, wie also Kirschkerne, Erbsen, Glasperlen und dgl. Dinge, welche Kinder beim Spiele sich manchmal ins Ohr stecken. Es bliebe bei der ellipsoiden Form des Gehörganges unten und oben immer noch ein unausgefüllter Raum übrig, welchen man zur Einführung des Ohrlöffels oder eines hebelartigen Instrumentes benützen könne, um hinter den fremden Körper zu kommen und ihn so leicht vorzuschieben. Dieser Rath hat jedenfalls nur dann eine Bedeutung, wenn der runde Körper nicht stark in den Kanal hineingepresst oder dessen Wände nicht bereits geschwollen sind, in welch beiden Fällen von einem solchen Zwischenraum kaum mehr etwas zu erwarten stünde.

Nirgends gewiss hat die operative Chirurgie so viel Ueberflüssiges zu Tage gefördert und in ihren einzelnen Anwendungen so viel Unheil angerichtet, als beim Entfernen von Thieren und fremden Körpern aus dem Gehörgange, und nirgends sicherlich sind so viel komische und lächerliche Vorschläge gemacht worden, als hier, um dieser grösstentheils unschädlicher Objekte habhaft zu werden. In *Rau's* Lehrbuch der Ohrenheilkunde findet man eine vollständige Zusammenstellung derselben bis in die neueste Zeit, und *Wilde* berichtet über mehrere solcher Fälle, wo operative Eingriffe dieser Art die schlimmsten Folgen hatten, ja theilweise zum Tode führten. „Blinder Eifer schadet nur" heisst es hier sehr häufig, denn weit seltener folgen irgendwie erhebliche Erscheinungen dem Einbringen solcher fremder Körper in's Ohr, als den Extraktionsversuchen unberufener und berufener Operateure. Habe ich doch vor Kurzem ein junges Mädchen vom Lande an den Rand des Grabes kommen sehen — nicht in Folge eines in den Gehörgang eingeführten Brodkügelchens, welches den nächsten Tag sicher von selbst herausgefallen oder durch einige Spritzen Wasser mit Leichtigkeit entfernt worden wäre — sondern in Folge der energischen Versuche, desselben mittelst Haken und Pinzetten, Sonden und Zangen habhaft zu werden. Der Gehörgang wurde dabei förmlich geschunden und es entwickelte sich eine sehr heftige Otitis externa mit subcutaner Abscessbildung, mit Schmerzhaftigkeit des umliegenden Knochens und sehr bedenklichen Allgemein - Erscheinungen.

Man bedenke hier doch immer, ob und inwieweit die Störungen, welche durch den fremden Körper im Ohre hervorgerufen werden, ein energisches und augenblickliches Entfernen desselben erheischen und vergesse nie, sich zu vergewissern, ob die Aussagen des Patienten richtig, ob der Gehörgang nicht vielleicht schon frei und die vorhandenen Erscheinungen nur von vorhergegangenen Extractionsversuchen herrühren. Man macht hier gar merkwürdige Erfahrungen und muss *Hyrtl* sehr Recht geben, wenn er die Worte des alten *Heister*: „Chirurgus mente prius et oculo agat, quam manu armata" gerade bei dieser Gelegenheit zur Erinnerung bringt.

Alle jene mehr oder weniger zusammengesetzten Instrumente zur Entfernung fremder Körper aus dem Ohre, welche man nicht aufhört, zu vermehren, können jedenfalls nur da zur Anwendung kommen, wo noch etwas Raum zwischen corpus alienum und den Wänden des Gehörganges frei geblieben ist, weil man sonst nicht im Stande ist, dieselben hinter ersteren einzubringen. In solchen Fällen ist es aber sicherlich besser, in richtiger Weise und mit einer gewissen Kraft Wasser einzuspritzen, welches dann hinter dem Kirschkern sich ansammeln und denselben entweder ganz heraustreiben oder wenigstens beweglich machen wird. Die vollständige Entfernung lässt sich hierauf leicht mit jedem gekrümmten dünnen Körper, am besten einem feinen breiten Hebel bewerkstelligen, wie er gewöhnlich an Einem Griffe mit dem *Daviel*'schen Löffel befestigt ist. Sobald man mit einem Instrumente irgend welche grössere Gewalt ausübt, namentlich stärker drückt, wird man die sehr empfindlichen Wände des Gehörganges leicht verletzen und den Körper eher noch weiter in die Tiefe, also gegen das Trommelfell zu, pressen, somit den Zustand um ein Wesentliches verschlimmern.

Wenn mir ein Fall vorkäme, wo ein in den Gehörgang fest eingekeilter fremder Körper solche Erscheinungen hervorriefe, dass ein energisches und augenblickliches Handeln zu seiner Entfernung dringend angezeigt und von einem Zuwarten unter örtlicher und allgemeiner Antiphlogose nichts zu hoffen wäre, so würde ich keinen

Anstand nehmen, ein operatives Verfahren einzuschlagen, um von aussen durch die Gehörgangswand hindurch hinter den Gegenstand zu kommen, ihn von innen zu fassen und so herauszubewegen. *Paul von Aegina* und andere ältere Aerzte empfahlen bereits im Nothfalle einen halbmondförmigen Einschnitt hinter die Muschel zu machen, um in die Tiefe des Gehörgangs und hinter den fremden Körper zu gelangen und *Hyrtl* nimmt in seiner topographischen Anatomie dieses von *Malgaigne, Rau* u. A. verworfene Verfahren entschieden in Schutz. Im Princip vollständig mit dieser Operation einverstanden, möchte ich doch eine andere Stelle zum Einschnitte vorschlagen. Viel besser und passender wäre es jedenfalls, nicht von hinten, sondern von oben in den Gehörgang einzudringen und zwar aus mehreren Gründen. Dicht hinter der Muschel in dem Winkel, welchen dieselbe mit dem Warzenfortsatz bildet — also dem Orte des Einschnittes — verläuft die ziemlich mächtige Arteria auricularis posterior. Ihre Verletzung wäre nach obigem Verfahren kaum zu vermeiden. Ferner wäre man beim Lospräpariren der Concha und des knorpeligen Gehörgangs vom Knochen hinten wesentlich gehindert durch die Wölbung des Zitzenfortsatzes, könnte mit einem gekrümmten Intsrumente auch nicht soweit in die Tiefe dringen, während Versuche an der Leiche mir gezeigt haben, dass man oben den Gehörgang sehr leicht von der Schuppe des Schläfenbeins mit dem Messer lostrennen und hierauf mit einer gebogenen Aneurysma-Nadel z. B. in einer Weise in die Tiefe des Gehörganges dringen kann, dass man selbst hinter Körper gelangt, welche in der Nähe des Trommelfells eingekeilt sind. Doppelt leicht auszuführen ist diese Operation bei Kindern, wo die Einsenkung der Schläfenschuppe, welche die obere Wand des Gehörganges bildet, eine stark geneigte, schiefe Ebene bildet und so kurz ist, dass man oben durch die Gehörgangswand bis dicht an's Trommelfell herangelangen kann. Dieser Vorschlag wäre um so mehr zu beachten, als die genannten Unfälle weitaus am häufigsten bei Kindern im Spiele sich ereignen und die Erfahrung lehrt, dass gerade bei Kindern nicht selten durch Lehrer und andere unberufene Operateure fremde Körper noch tiefer in den Gehörgang hineingedrückt werden.

§. 7·

Fremde Körper im Gehörgange können auch in anderer mehr chronischen Weise sehr wesentliche Störungen des Allgemeinbefindens hervorrufen. So habe ich mehrere Fälle beobachtet, wo Anhäufungen von Ohrenschmalz, welche den tieferen Theil des Gehörganges erfüllten und am Trommelfell anlagen, wohl durch Drücken auf letzteres, Erscheinungen von Schwere und Druck im Kopfe, ja neben quälendem Ohrensausen Schwindelanfälle der heftigsten Art bedingten. Früher behandelnde Aerzte, in der Untersuchung des Ohres, wie es scheint, weniger geübt, glaubten nach diesem ganzen Symptomencomplex die Taubheit als eine nervöse, auf organischem Gehirnleiden beruhende, auffassen zu müssen, während Erweichung und Entfernung des Cerumens den Patienten sowohl von seiner Taubheit als von der vermeintlichen Gehirnaffection heilten. — *Boyer* erwähnt eine Beobachtung*), wo ein an Epilepsie, Atrophie eines Armes und Anästhesie der ganzen Körperhälfte leidendes Mädchen von all diesen Zuständen durch Entfernung einer Glaskugel geheilt wurde, welche seit 8 Jahren unbeachtet im Ohre gesteckt hatte. *Wilde* führt ebenso**) einen Fall von Epilepsie und Taubheit an, welche von der Existenz eines fremden Körpers im Ohre verursacht und durch dessen Entfernung geheilt wurden. Es ist bekannt, dass epileptische Zustände nicht gar selten als Reflexkrämpfe, von pathologischer Erregung peripherischer Gefühlsnerven verursacht, aufgefasst werden müssen — ich erinnere beispielshalber an jenen höchst interessanten Fall, wo *v. Gräfe*, der Sohn, solche aus einem Blepharospasmus sich herausentwickelnden allgemeine Convulsionen durch Durchschneidung des Nervus supraorbitalis heilte***). ' Angesichts solcher Fälle und des sehr grossen aus verschiedenen Bahnen abstammenden Nervenreichthums des äusseren Gehörganges wäre wohl auch in dieser Beziehung eine häufigere Untersuchung des Ohres in der Praxis sehr wünschenswerth. — Dass viele Personen bei Berührung des Gehörganges, namentlich der hintern Parthie, ein Kitzeln im Halse verspüren, selbst husten müssen, ist bekannt, sowie dass diese eigenthümliche Erscheinung von einer Betheilung des Vagus an der Versorgung der Haut des äusseren Gehörganges herrührt; ich finde dieses Reflex-Phänomen auffallend häufig bei bejahrten Leuten und treten bei alten Asthmatikern während der Untersuchung des Gehörgangs manchmal solche Hustenanfälle auf, dass diese sonst so einfache Vornahme wesentlich erschwert werden kann.

. Der äussere Gehörgang bekommt ausser einem Aste des Vagus mehrere Zweige des 3. Astes des Quintus, und zwar des sensiblen Auriculo-temporalis.

---

*) *Boyer*, chirurgische Krankheiten übersetzt von *Textor* (Würzburg 1821). 6. Band. S. 10.

**) p. 326 seiner Aural Surgery (London 1853); S. 377 der deutschen von *v. Haselberg* besorgten Uebersetzung (Göttingen 1855).

***) Archiv für Ophthalmologie 1854. I. B. 1. Abth. S. 440.

Nach *M. J. Weber* gibt auch der Facialis mehrere Aestchen an den knorpeligen
Gehörgang ab, nachdem er die Ohrmuschel und deren Muskel versorgt hat.
Sehr fraglich ist, ob auch der 3. Halsnerve, welcher der Ohrmuschel und ihre
Umgebung ziemlich bedeutende Zweige liefert, sich an der Versorgung des
Gehörganges betheiligt.

§. 8.

Die Cutis des Gehörganges hat im knorpeligen Abschnitte
eine bedeutende Dicke und besitzt ausser starken Haaren mit reichlichen Talgdrüsen die bekannten Ohrenschmalzdrüsen. Die
Drüsenknäuel derselben sind ziemlich gross und liegen verhältnissmässig weit von der Oberfläche entfernt im Unterhautzellgewebe; sie
stellen sich in den tiefsten Schichten desselben, dort, wo Knorpel
vorhanden ist, zwischen Cutis und Knorpel, als bräunlichgelbe von
blossem Auge sehr wohl einzeln erkennbare runde Körperchen dar,
etwa von der Grösse von Mohnsamen und grösser. Am reichlichsten
finden sie sich in der inneren Hälfte des knorpeligen Gehörgangs,
mehr vereinzelt nach aussen. Nach der Angabe der Autoren wären
diese Drüsen nur auf den knorpeligen Ohrkanal beschränkt, was indessen nicht der Fall ist. An der oberen Wand erstreckt sich eine
Anfangs breite, dann sich zuspitzende Parthie Cutis in den knöchernen
Gehörgang hinein, welche eben so dick und in Allem eben so beschaffen
ist, wie die Cutis des knorpeligen Abschnittes, also auch Ohrenschmalzdrüsen besitzt. Diese kommen somit an der oberen Wand
bis in einiger Nähe vom Trommelfelle noch vor. Es erklären uns
diese Verhältnisse zum Theil, warum Ansammlungen von Ohrenschmalz nicht selten bis zum Trommelfell selbst reichen, und überhaupt häufiger in den tieferen Theilen des Gehörganges sich finden,
als in den äusseren, der Oberfläche nahe gelegenen, somit auch
unseren gewöhnlichen allmorgendlichen Reinlichkeits-Bestrebungen
unzugänglich sind, leicht sogar durch solche noch tiefer hineingedrückt
werden können. Die meisten solcher Ansammlungen von Cerumen
zeigen einen lamellösen Bau, bestehen aus in einander gewickelten
Schichten, von denen die äusseren, entschieden jüngeren Datums,
mehr hell und mit reinen Epidermismassen gemischt, die inneren
dunkler, mehr weich und amorph aussehen. Diese Zusammensetzung
der Ohrenschmalzpfröpfe, welche dazu häufig eine grosse Menge derber
Haare innig vermischt mit ihren sonstigen Bestandtheilen enthalten,
zeigt am besten, dass wir es hier in der Regel mit allmälig entste-
henden, wohl oft Dezennien in Anspruch nehmenden Bildungen zu
thun haben, nicht mit Produkten einer spezifischen, akuten Entzündung, wie die meisten ohrenärztlichen Schriftsteller meinen. Unter-

sucht man eine grosse Reihe von Individuen, so findet man die Ohrenschmalzsecretion eben so verschieden, wie die Thätigkeit der übrigen Hautdrüsen, mit denen ja die Glandulae ceruminosae unter Eine Kategorie gehören. Menschen mit glänzender fetter Haut, welche viel Hautschmeer produziren und zu Seborrhöen namentlich des Gesichtes und des behaarten Kopfes geneigt sind, ferner Leute, deren Schweissdrüsen besonders am Kopfe leicht in gesteigerte Thätigkeit gerathen, besitzen in der Regel mehr Ohrenschmalz, als Individuen mit trockener, spröder und fettloser Haut. Bei ersteren wird es daher auch leichter zu bedeutenden Ansammlungen und schliesslicher Verstopfung des Ohres mit Cerumen kommen.

An der Leiche kann man die Oeffnungen der Ohrenschmalzdrüsen ganz gut vom blossen Auge als kleine feine Löchelchen sehen, namentlich wenn man die etwas mazerirte Epidermis in grössereren Stücken abzieht. An der Epidermis bleiben dabei kleine Kölbchen hängen, welche sich als gut isolirte Präparate der Haarbälge mit ihren Talgdrüsen ergeben.

§. 9.

Die Haut des knöchernen Gehörganges ist, abgesehen von jenem erwähnten Zwickel, welcher an der oberen Wand von der Auskleidung des knorpeligen Kanals sich hereinerstreckt und alle charakteristischen Eigenschaften der letzteren sich bewahrt hat, blassroth, viel zarter und dünner, besitzt nur noch feine Härchen (lanugo) und Papillen, keine steiferen Haare und keine Drüsen. Man vergleicht sie häufig mit einer Schleimhaut, was jedenfalls nicht ganz correct ist, eher stellt sie jene Zwischenstufe zwischen Schleimhaut und äusserer Decke vor, wie wir sie allenthalben sehen, wo diese beiden Theile in einander übergehen, so an den Lidern und Lippen. Nicht richtig ist es daher, von einem „Catarrh", einer „catarrhalischen Entzündung" des äusseren Gehörganges zu sprechen, wie wir dies häufig hören und lesen, indem der Ausdruck „Catarrh" nur für Schleimhaut-Erkrankungen gebraucht zu werden pflegt. Man muss indessen auf der anderen Seite zugestehen, dass die Cutis des knöchernen Gehörgangs in ihren Erkrankungen zuweilen einige Aehnlichkeit mit einer Schleimhaut zeigt. So entwickeln sich z. B. auf ihr „polypöse" Excrescenzen. Ob freilich die vom äusseren Gehörgange ausgehenden „Polypen" etwas Anderes sind, als sehr entwickelte Bindegewebsgranulationen, wie wir sie bei entsprechender Secretanhäufung und Unreinlichkeit auch an chronischen Fussgeschwüren, bei Knochenfisteln u. s. w. entstehen sehen, wäre noch zu beweisen.

Diese gegen das Trommelfell zu immer mehr sich verdünnende zarte Cutis des knöchernen Gehörganges ist mit dem Perioste desselben so innig verwachsen, dass letzteres sich kaum isolirt darstellen und sich jedenfalls leichter vom Knochen als von der Cutis trennen lässt. Diese enge Beziehung zwischen Cutis und Knochenhaut des Gehörgangs, sowohl was Lage als was Ernährung betrifft, hat eine grosse praktische Bedeutung, indem es sich daraus erklärt, warum so häufig intensivere oder länger dauernde Ernährungsstörungen in der Auskleidung des Gehörganges entzündliche und cariöse Zustände im darunterliegenden Knochen hervorbringen, ja alle entzündlichen und eiterigen Processe des einen nothwendig auch Veränderungen im andern verursachen müssen. Entzündungen des äusseren Gehörganges können somit vermöge der Lage und der anatomischen Beschaffenheit desselben leicht eine grosse Wichtigkeit für das Allgemeinbefinden und das Leben des Individuums erlangen. Wollen wir die Lage desselben etwas näher betrachten. (Siehe Fig. I.) Einmal bildet die obere Wand des knöchernen Gehörganges (M. A. E.) zugleich einen Theil des Bodens der mittleren Hirngrube (Squ.), und ist die das Gehirn von dem Ohrkanale trennende Knochenschichte stets wenig mächtig und von Hohlräumen erfüllt. Manchmal ist gerade die obere Wand des knöchernen Gehörganges bis zur Durchscheinendheit verdünnt, so dass zwischen der Haut des Gehörganges und der Dura mater nur einiges spärliches weitmaschiges Knochengewebe liegt. Die ober dem Gehörgange befindlichen Knochenzellen gehören zu den Hohlräumen, welche zwischen Paukenhöhle und Zitzenfortsatz liegen, und steht somit der knöcherne Gehörgang auch in der Richtung nach oben in naher Beziehung zu diesen Cavitäten. Auf der anderen Seite ist die hintere Wand des knöchernen Ohrkanals von der Fossa sigmoidea (F. S.), in welcher der Sinus transversus, der grösste Blutleiter der harten Hirnhaut, liegt, durch eine selbst beim Erwachsenen höchstens einige Linien dicke Knochenschichte geschieden, welche an ihren beiden Gränzen einen dünnen Saum compacten Gewebes besitzt, sonst von grossmaschigen Zellenräumen ausgefüllt ist, welche zum Zellensystem des Processus mastoideus (Pr. M.) gehören. Die Nachbarschaft solcher diploëtischen Räume, des Sinus transversus und des Gehirns kann bei entzündlichen und eiterigen Processen im Gehörgange nicht gleichgültig sein und finden sich auch wirklich eine Reihe von Beobachtungen, bei welchen Otorrhöen auf diesem Wege, selbst ohne Theilnahme der Paukenhöhle und ohne Perforation des Trommelfells, Osteophlebitis, Meningitis, Entzündung und Thrombose der Blutleiter mit ihren zum Tode führenden Folgen verursachten. Doppelt bedeutungsvoll sind diese anatomischen Verhältnisse bei Kindern, wo die Knochenschichte, welche den knöchernen Gehörgang nach oben von der mittleren Hirngrube, nach hinten vom Sinus transversus scheiden, ungemein dünn, sehr porös ist und ausserdem Oeffnungen besitzt für Blutgefässe, welche in die Knochensubstanz sich verlieren und theilweise mit den von der Dura mater kommenden Aesten communiziren. Eiterung des Gehörganges (Otorrhoea externa) ist nun gerade bei Kindern ungemein häufig und wird im kindlichen Alter gewöhnlich von den Aerzten wie den Laien wenig beachtet und sich selbst überlassen, wenn nicht besondere Erscheinungen die Aufmerksamkeit dorthin lenken. Würde man bei der Leichenuntersuchung diese Theile, die diploëtischen Räume wie die Gehirnblutleiter in der Nähe des Ohres mehr beachten und sie häufiger untersuchen, so könnte man sicherlich hier gerade nicht selten Veränderungen vorfinden, welche uns über den Krankheitsverlauf und die Todesursache nähern Aufschluss geben.

Gewöhnlich glaubt man, nur cariöse Zustände im Ohre hätten etwas Bedenkliches und seien einer besondern Beachtung werth; nach dem Obenangeführten und mancher vorliegenden Beobachtung ist es indessen keineswegs nöthig, dass der Knochen oberflächlich ulzerirt ist. Auch ohne Caries können entzündliche und eiterige Prozesse vom Gehörgange auf die benachbarten Diploëmassen, und dann weiter auf die Meningen und auf die Blutleiter der Dura mater übergreifen, dort sowohl wie im übrigen Gefässsystem verschiedenartige Veränderungen hervorrufen und so unter dem Bilde und dem Anscheine einer primären Meningitis, einer Pleuropneumonie, eines typhoiden oder pyämischen Zustandes den Tod nach sich führen. Wenn man sich einmal gewöhnt haben wird, auch das Ohr und seine Umgegend am Kranken wie an der Leiche einer häufigeren Berücksichtigung zu unterwerfen, so wird wohl manches Allgemeinleiden, namentlich in der Kinderpraxis, auf seinen wahren Ausgangspunkt zurückgeführt werden und wir damit am Krankenbette bedeutend gewinnen, wie an Klarheit im Urtheil so an Richtigkeit im Handeln.

In den Sektionen V und IX meiner „anatom. Beiträge zur Ohrenheilkunde. I. Sektion von 16 Schwerhörigen." (*Virchow's* Archiv 1859 B. XVII S. 1 — 80) fanden sich Fistelgänge von der hinteren Wand des knöchernen Gehörganges zur Fossa sigmoidea des Warzenfortsatzes und im ersteren Fall, wo ausgedehnte Thrombose im Sinus transversus statthatte, begann der Zerfall des Thrombus eben an der Stelle, wo diese Fistel mündete. Auch *Toynbee* berichtet in seinen verschiedenen Veröffentlichungen mehrere hieher gehörige Fälle, wo eiterige Prozesse des äusseren Gehörganges auf das Gehirn oder auf den Sinus transversus sich fortpflanzten und unter den Erscheinungen von purulenter Infektion oder von Meningitis den Tod herbei führten.

§. 10.

Von einiger Bedeutung ist endlich noch die Beziehung des Unterkiefers zum knöchernen Gehörgange, indem die vordere Wand des letzteren zugleich die hintere Wand der Gelenkgrube der Mandibula (C. Gl. M. in Fig. I) bildet. Nach Gewalteinwirkungen auf den Unterkiefer resp. das Kinn wurden öfter Verletzungen, Brüche des Schläfenbeins mit Blutungen aus dem Ohre beobachtet. Die verhältnissmässige Seltenheit solcher Folgen von Stoss oder Fall auf das Kinn wird sicherlich dadurch bedingt, dass der ziemlich mächtige Zwischenknorpel des Kinnbackengelenkes (Cartilago interarticularis), die Gewalt der Stösse, welche das Kinn treffen, meist dämpft.

Wenn man eine grössere Anzahl von Schädeln durchmustert, findet man die erwähnte Knochenlamelle, welche die vordere Wand des Gehörgangs bildet, häufig bis zur Durchscheinendheit verdünnt, insbesondere bei alten Leuten, ja es finden sich sogar manchmal Substanzlücken, Löcher daselbst. So besitze ich die Felsenbeine einer 79jährigen Frau, deren knöcherne Gehörgänge beidseitig in ihrer Mitte etwa, nach vorn, eine mehr als kirschkerngrosse Lücke mit scharfverdünnten Rändern zeigen, ohne dass dabei irgendwie an Caries zu denken wäre. *Hyrtl,* welcher in neuerer Zeit namentlich auf eine Reihe solcher Verdünnungen und Lücken im Felsenbeine aufmerksam gemacht hat*), führt die erwähnten Befunde an der vorderen Wand des Gehörganges auf eine Usur zurück, meist hervorgebracht durch die bei zahnlosen Individuen veränderte Stellung des Unterkiefer-Gelenkkopfes, setzt indessen bei, dass er solche Lücken auch an Schädeln mittleren Alters mit guten Zähnen gefunden habe.

Gesetzt, eine Person, deren vordere Gehörgangswand in dieser Weise verdünnt oder sogar lückenhaft wäre, erlitte einen Fall oder Schlag auf das Kinn, so könnten Einbrüche des Schläfenbeins mit Blutungen aus dem Ohre um so leichter eintreten, selbst bei verhältnissmässig geringer Gewalteinwirkung, und möchte dieser Umstand möglicherweise in der gerichtsärztlichen Praxis von Bedeutung sein.

Fünf interessante Fälle von Blutungen aus dem Ohre in Folge von Gewalteinwirkung auf das Kinn stellte in neuerer Zeit *Morvan*

---

*) „Ueber spontane Dehiszenz des Tegmen tympani und der Cellulae mastoideae.“ Sitzungsberichte der Wiener Akademie 1858. XXX. B. N. 16.

zusammen *) und hält er es für das wahrscheinlichste, dass es sich hier immer um Continuitätstrennung der Cavitas glenoidea mandibulae handelt. In 4 Fällen konnte keine Fraktur oder Luxation des Unterkiefers nachgewiesen werden, in dem einzigen, welcher unter Gehirnerscheinungen zum Tode führte, fand sich ein ausgedehnter Splitterbruch von der Cavitas glenoidea auf Felsen- und Keilbein sich fortsetzend, zwischen deren Trümmer der abgebrochene Gelenkkopf eingekeilt war. Einen Fall von Bruch des Unterkiefers mit gleichzeitiger Fissur an der Schädelbasis und Blutung aus dem Ohre führt ferner *Voltolini* an in seinen werthvollen „anatomischen und pathol.-anatomischen Untersuchungen des Gehörorganes, nebst 5 Sektions‚fällen" (*Virchow's* Archiv B. XVIII. S. 49). — Von Verdünnung und Durchlöcherung der vorderen Gehörgangswand theilt auch *Toynbee* an verschiedenen Orten mehrere Beobachtungen mit; in mehreren Fällen erklärt er dieselben für Usuren, für Folgen des Druckes, welchen langdauernde Ansammlungen von Ohrenschmalz auf den Knochen ausübten. Da die beiden von *Hyrtl* und von *Toynbee* versuchten Erklärungen jedenfalls nicht für alle Fälle hinreichen, möchte ich aufmerksam machen, dass sich diese Verdünnungen resp. Lücken gerade an der Stelle finden, wo beim kleinen Kinde eine noch nicht ossifizirte rundliche Oeffnung liegt und wo die Verknöcherung des Gehörganges jedenfalls zuletzt abschliesst. Es wäre daher an die Möglichkeit einer Hemmungsbildung, d. h. einer mangelhaften Ossifikation an diesem Orte wenigstens für solche Fälle zu denken, wo die erwähnte Abnormität bei jüngeren zahnbesitzenden Individuen vorkommt.

§. 11.

C. Das Trommelfell,

Membrana tympani, bildet die Scheidewand zwischen äusserem Gehörgang und Paukenhöhle, stellt das innerste Ende des einen und die äussere Wand der anderen vor, und nimmt ebenso Gewebsbestandtheile und Gefässe von diesen beiden Seiten auf, indem es an seiner äusseren Oberfläche einen Ueberzug von der Haut des Gehörgangs, an seiner Innenfläche einen solchen von der Schleimhaut der Trommelhöhle besitzt. Die Lage des Trommelfells und seine Zusammensetzung eklären es uns gleicherweise, warum diese Membran in der Regel Theil nimmt an den Erkrankungen des Gehörganges ebenso wie an denen des Mittelohres und umgekehrt seine selbständigen Entzündungen bald nach diesen beiden Richtungen verändernd einwirken müssen, somit letztere allein und ohne Complikation verhältnissmässig selten zur Beobachtung kommen. Es ergibt sich ferner daraus, dass das Trommelfell bei den Erkrankungen des Gehörganges ganz bestimmte Veränderungen eingehen muss an seiner äussersten

---

*) Archives générales de médecine. Decbr. 1856. Im Auszuge von mir mitgetheilt in den medizinisch-chirurgischen Monatsheften. Mai 1857.

Schichte, die es ja von diesem erhält, und ebenso bei Affectionen der Paukenhöhle charakteristische Erscheinungen an seiner Innenseite auftreten, so dass eigentlich der Zustand beider benachbarter Cavitäten, der Paukenhöhle und des Gehörganges, sich an ihrer Scheidewand abspiegelt und auch frühere Erkrankungen dieser Theile nicht selten aus dem Aussehen des Trommelfells noch erkannt werden können. Die Untersuchung des Trommelfells ist daher der wichtigste Theil der Diagnostik in der Lehre von den Ohrenkrankheiten und ist es für deren richtige Erkenntniss und Beurtheilung unumgänglich nothwendig, die am Trommelfell auftretenden Veränderungen genau zu kennen und entsprechend deuten zu können; so ist man in der Regel im Stande, die häufigste Ursache der Schwerhörigkeit, den chronischen Catarrh des Mittelohres, schon aus dem Aussehen des Trommelfells zu erkennen. Wenn wir uns nun aus dem Verhalten dieser Membran die wichtigsten Schlüsse erlauben dürfen über den Zustand der tiefer liegenden Theile, welche wir nicht direct zu sehen vermögen, so gewinnt dies die grösste praktische Bedeutung durch den Umstand, dass das Trommelfell unseren Sinnen durchaus offen und zugänglich liegt und wir bei richtiger Technik dasselbe ebenso genau zu besichtigen und zu prüfen im Stande sind, als einen oberflächlich liegenden Theil des Körpers, z. B. die Cornea. Ich sage „bei richtiger Technik", denn dass die bisher üblichen Methoden der Untersuchung des Trommelfells keineswegs den Anforderungen genügen, glaube ich in meiner obenerwähnten Arbeit über diesen Gegenstand bewiesen zu haben. Dem Mangel einer besseren Untersuchungsweise ist es zum grossen Theil zuzuschreiben, dass die wenigsten Aerzte das Ohr zu untersuchen verstehen und die Ohrenheilkunde überhaupt so sehr hinter anderen Specialitäten zurückgeblieben ist. Erst wenn eine wahrhaft gute und genügende Methode der Untersuchung des Trommelfells allgemein Platz greift, kann ein gedeihlicher Umschwung in der wissenschaftlichen Entwicklung und Stellung der Ohrenheilkunde eintreten. Als eine solche glaube ich aber mit vollem Rechte die von mir beschriebene ansehen zu dürfen, nach welcher statt des allgemein üblichen zangenförmigen *Kramer*'schen Ohrspiegels die *Wilde*'schen nichtgespaltenen Ohrtrichter benutzt und die tieferen Theile bei Tageslicht mittelst eines starken Hohlspiegels beleuchtet werden.

Wollen wir das abnorme Verhalten eines Organes richtig verstehen und würdigen, so muss uns natürlich vorher die normale Beschaffenheit desselben vollständig klar und geläufig sein. Bei der grossen praktischen Bedeutung, welche einer genauen Bekanntschaft mit dem Trommelfelle und all seinen Verhältnissen zukommt, müssen wir demselben hier daher um so mehr eine ausgedehnte Beachtung schenken, als selbst die besten Werke über descriptive und mikroscopische Anatomie diesen Theil auffallend kurz behandeln, ja dem Anatomen eigentlich die Gelegenheit fehlt, vollständig richtige und genaue Angaben über das Trommelfell in all seinen Einzelnheiten zu geben.

Der Anatom kennt das Trommelfell natürlich nur aus Betrachtungen an der Leiche. Wie nun eine Beschreibung der Hornhaut des Auges nach dem Aussehen an einer mehrtägigen Leiche uns kein vollständig natürliches und richtiges Bild von den Eigenschaften dieses Organes geben würde, so ist es auch mit jener Membran der Fall, welche gemäss ihrer Zartheit, ihrer Bekleidung mit einer feinen Epidermisschichte, endlich gemäss der Abhängigkeit ihrer Krümmung von einem quergestreiften Muskel (dem tensor tympani) in mancher Beziehung an der Leiche ein anderes Aussehen gewährt, als am Lebenden. Wozu man vollends kommt, wenn man die Anatomie des Trommelfells nur an alten vertrockneten Präparaten studiert, das kann uns die fast zwei Jahrhunderte lang bis in die neuere Zeit noch fortgeführte Behauptung vieler Anatomen von einer normalen Oeffnung in dieser Membran lehren, welches „Rivini'sche Loch“ nach *Hyrtl* nichts ist als ein Einriss, welcher beim Eintrocknen der vorher halb mazerirten Membran entsteht.

Wie wir sehen, ist es für den Praktiker unumgänglich nothwendig, einen richtigen Begriff zu haben von dem Aussehen eines normalen und gesunden Trommelfells, sonst kann er keine Diagnose in Gehörkrankheiten stellen — „aber wie viele Aerzte gehen nicht durchs Leben, ohne jemals das Trommelfell am Lebenden gesehen zu haben! Alles was sie davon wissen, haben sie aus Beschreibungen oder aus Präparaten, die ihnen während ihrer anatomischen Studienzeit gezeigt wurden.“ *(Wilde.)* Sind aber die Beschreibungen der Anatomen nicht der Natur entsprechend, weil die Anschauung an der Leiche entnommen, so gilt dies fast noch mehr von den Angaben vieler Ohrenärzte, welche hier besser unterrichtet sein könnten. So erklärt von zweien der beschäftigsten jetzt lebenden Ohrenärzte der Eine das gesunde Trommelfell, welches perlgrau und leicht durchscheinend ist, für „glashell“, der Andere für „völlig farblos und durchsichtig“, lässt sich aber in der Diägnose „nervöse Schwerhörigkeit“ durchaus nicht stören, wenn dasselbe auch „papierweiss und undurchsichtig“ ist, gleich als ob letztere Eigenschaften auch noch unter die Breite der Gesundheit dieses Organes fielen. Und wir wundern uns, dass es mit der Ohrenheilkunde nicht recht vorwärts will, wo es doch allenthalben an den primitivsten Uranfängen einer exacten Anschauung fehlt!

Das „*Rivini*'sche Loch" wurde nicht von *Rivini* (1717) entdeckt oder zuerst beschrieben, sondern bereits 1652 von *Marchetti*, Professor in Padua, dann von zwei sich folgenden Baseler Professoren der Anatomie, *Glaser* (1680) und *Emanuel König* (1682). Bereits *Friedr. Ruysch* und *Valsalva* (1704) suchten den Gegenbeweis zu führen und die Existenz einer normalen Oeffnung im menschlichen Trommelfelle zu bestreiten, indessen noch *Berres*, *Hyrtl's* Vorgänger in Wien, nahm eine solche an und beschrieb es sehr ausführlich. — Da nach *Huschke* das Trommelfell im frühesten Embryoleben oben nicht geschlossen ist, so könnte beim Erwachsenen eine angeborne Lücke daselbst als Hemmungsbildung vorkommen, ähnlich der Hasenscharte oder dem Wolfsrachen. Ich selbst besitze die Felsenbeine einer Person, wo sich beidseitig am oberen Rande des Trommelfelles ein c. 3 Mm. im Durchmesser haltendes Loch vorfindet, welches bei vollständiger Gleichheit des Befundes auf beiden Seiten und dem Fehlen aller Erscheinungen, welche das spätere Entstehen einer Perforation, als Folge eines ulcerativen Vorganges, annehmen liessen, am ehesten auf eine solche angeborene Missbildung zu beziehen wäre. Jedenfalls sind solche Fälle äusserst selten und kenne ich keinen weiteren aus der Literatur.

§. 12.

Das Trommelfell liegt am Ende des äusseren Gehörganges in einer nur nach oben offenen Knochenrinne befestigt. Wäre diese Knochenrinne auch oben vorhanden, so liesse sich die Lage des Trommelfells mit der eines Uhrglases in seinem Falze vollständig vergleichen. Dieser Knochenring bildet beim Fötus und noch beim Neugebornen einen getrennten selbständigen Theil des Schläfenbeins und ist dieser Annulus tympanicus früher als die Umgegend in dichte und weissliche Knochenmasse verwandelt.

Beim Fötus ist das Trommelfell anfangs ganz horizontal gelegen, einen Theil der Schädelbasis ausmachend; noch beim Neugebornen liegt es nur wenig schief und nahezu wagrecht, so dass es sich gewissermassen als eine unmittelbare Fortsetzung der oberen Gehörgangswand darstellt. Erst allmälig, mit der grösseren seitlichen Entwicklung des Schädels, nähert es sich mehr der vertikalen Stellung und bildet das Trommelfell beim Erwachsenen mit der unteren Gehörgangswand einen spitzen, mit der oberen einen ziemlich offenen, etwas abgerundeten stumpfen Winkel, welcher auf 140° als Durchschnittszahl bestimmt werden kann. Dieser Winkel unterliegt bedeutenden Schwankungen, wie man sich beim Durchmustern einer grösseren Reihe von Schädeln und Felsenbeinen überzeugen kann, und scheint mir ein bestimmtes Verhältniss zwischen dem Winkel des Trommelfells, der Stellung der Schläfenschuppe und der seitlichen wie Längenentwicklung des Schädelgrundes stattzufinden, so dass man vielleicht rückwärts aus der mehr oder weniger geneigten Lage des Trommelfells gewisse Schlüsse ziehen könnte auf den höheren oder niederen Stand des Keilbeins und die Entwicklungsgeschichte der Schädelbasis überhaupt.

Bei einem 35jährigen Taubstummen, dessen Felsenbeine mir von einem befreundeten Collegen zugesandt worden und der mir als „cretinartig" bezeichnet wurde, bildete das Trommelfell mit der oberen Gehörgangswand einen Winkel von 167°, glich also in seiner der Horizontalen sich nähernden Lage dem eines Kindes. Da ich nur den mittleren Theil des Schädelgrundes besass, konnte keine Bestimmung des Sattelwinkels vorgenommen werden, und fehlten auch weitere Anhaltspunkte, um mit Sicherheit frühzeitige Synostosen und Wachsthumshemmungen am Schädelgrunde annehmen zu können. Indessen hat ein solches Zurückbleiben des Trommelfellwinkels auf kindlicher Stufe doch etwas sehr Auffallendes und weisst *Virchow* an mehreren Stellen seiner classischen Untersuchungen über Cretinismus und die Entwicklung des Schädelgrundes bereits auf eine gewisse Verwandtschaft zwischen Cretinismus und Taubstummheit hin. (Um mire in Urtheil zu bilden, ob diese Lage des Trommelfells eine constante bei Cretinen sei, oder ob es sich hier nur um ein zufälliges Zusammentreffen handle, musterte ich sämmtliche Cretinenschädel der hiesigen Anstalt durch, konnte aber an diesen mazerirten und getrockneten Objecten nicht ganz in's Reine kommen, obwohl mir das, was ich fand, eher für die erstere Annahme zu sprechen schien.) —

Auch die Gestalt, die Form des Trommelfells ist, ähnlich wie der Durchschnitt des knöchernen Gehörgangs grosse Verschiedenheiten zeigt, nicht immer dieselbe. Beim Kinde ist sie mehr gleichmässig rund, beim Erwachsenen im Ganzen mehr länglich - rund, manchmal ist der Bogen des hinteren oberen Randes stärker ausgeschweift und nähert sich dann die Form der eines unregelmässigen stumpfen Herzens, häufig erscheint der Umriss rein eiförmig.

Der Durchmesser des Trommelfells von oben nach unten (Längsdurchmesser, Höhe) beträgt beim Erwachsenen 9—10 Mm.; die Breite oder der Querdurchmesser 8—9 Mm. Beim Fötus sind die Durchmesser im Verhältniss zur Länge des ganzen Körpers viel grösser als beim Erwachsenen, indem das Trommelfell in den letzten Fötalmonaten bereits nahezu seine vollständige Grösse erreicht hat und nach der Geburt jedenfalls nur noch sehr wenig wächst. Um

mir das Wachsthum des Trommelfells beim Fötus besser
zu veranschaulichen, nahm ich die Messuug desselben resp. des Annulus tympanicus bei einer Reihenfolge skelettirter Embryonen vom
3ten bis 9ten Monat vor, welche sich in der hiesigen anatomischen
Sammlung befinden. H. Hofrath *Kölliker* katte die Güte, mir die
fehlenden Angaben über ihr Alter nach eigener Abschätzung zu
ersetzen und füge ich bei Jedem die Körperlänge eingeschlossen bei.
Bei einem Fötus aus der 11ten Woche (Körperlänge 56 Mm.) ergab
die Höhe des Trommelfells 2 Mm., die Breite desselben $1\frac{1}{4}$ Mm.; aus
der 14ten Woche (84 Mm.) dieselben Maasse 3 und 2; aus der 16ten
Woche (114 Mm.) $4\frac{1}{2}$ und 3; aus der 20ten Woche (155 Mm.) 7 und
$5\frac{1}{4}$; aus der 22ten Woche (220 Mm.) 8 und 7; aus der 24ten Woche
(290 Mm.) $8\frac{1}{2}$ und 8; vom siebenten Monat (335 Mm.) 9 und 8;
vom achten Monat (370 Mm.) $8\frac{1}{2}$ und 8; vom neunten Monat endlich (450 Mm.) $9\frac{3}{4}$ und $8\frac{1}{2}$. — (Wenn der Längendurchmesser beim
siebenmonatlichen Fötus sich grösser herausstellt, als bei seinem
Genossen, der um 40 Mm. im Ganzen grösser ist, so zeigt dies am
Besten, dass hier manche Verschiedenheiten vorkommen und findet
man auch beim Erwachsenen den obersten Rand des Trommelfelles
oft buchtenartig in den Knochen verlängert.)

Der Hammergriff (Manubrium mallei), den man als gelblich-
weissen Streifen vom oberen Pole bis unter die Mitte, etwas schief
von vorn nach hinten geneigt, herabsteigen sieht, theilt (bis zum
unteren Pole verlängert gedacht) das Trommelfell in eine vordere
und hintere Hälfte, von denen die letztere etwas grösser als die
vordere ist. Am Anfange des Hammergriffes, nahe dem oberen Pole
der Membran, sieht man den *Processus brevis mallei* als kleines ab-
gerundetes Knöpfchen oder Höckerchen gegen den Gehörgang herein-
ragen. Der übrige Hammergriff liegt etwas nach einwärts, gegen
die Paukenhöhle zu gewandt, und ist daher das Trommelfell gegen
den Gehörgang zu concav, gegen die Paukenhöhle zu convex gestaltet. Am stärksten ist diese Concavität nach aussen ausgesprochen
um das breiter werdende Ende des Griffes herum und heisst diese
etwas unter der eigentlichen Mitte der Membran gelegene concavste
Stelle „nabelförmige Einziehung" oder „ Umbo " des Trommelfells.
Den Grad der Krümmung der Membran können wir darnach bemessen,
je nachdem der Griff mehr oder weniger nach innen, gegen die Paukenhöhle zu liegt. Bei gesteigerter Concavität des Trommelfells, welche
an Kranken gar nicht selten vorkommt, zeigt sich dieses Knöchelchen
schiefer nach innen gestellt, oft sogar in verschieden starker per-
spektivischer Verkürzung, und ragt dann der Processus brevis mallei

dem Beobachter um so mehr entgegen, während bei abnormer Flach-
heit der Membran der Griff seiner ganzen Länge nach, vom kurzen
Fortsatz an auffallend deutlich und mehr gerade gestellt hervortritt.

An der Leiche scheint mir das Trommelfell immer etwas concaver, der Hammergriff stärker eingezogen zu sein als am Lebenden
und möchte dies wohl grösstentheils auf den Zustand vermehrter
Contraction zu beziehen sein, in welchem sich alle quergestreiften
Muskel und so auch der Musculus tensor tympani während der Todten-
starre befinden.

Winkelmessungen an Theilen, an welche man den Quadranten nicht unmittelbar anlegen oder von denen man nicht gut Profildurchschnitte gewinnen
kann, haben etwas sehr Umständliches. Am besten kann man sich helfen,
wenn man ein ganzes System von Parallellinien entwirft, diese fixirt und an
ihnen den fraglichen Winkel bestimmt. In neuerer Zeit wurde mir das Abnehmen des Trommelfellwinkels sehr erleichtert durch einen ebenso einfachen
als sinnreichen Winkelmesser, welchen ich der Erfindungsgabe meines verehrten
Freundes, Herrn *Wilhelm Hess*, Lehrer der Mechanik an der hiesigen Gewerb-
schule, verdanke, und welchen derselbe speciell für diesen Zweck ersann und
ausarbeitete. — Unter „Umbo" des Trommelfelles verstehen sämmtliche neuere
Anatomen (so *Arnold*, *Huschke*, *Hyrtl*, *Krause*, *II. Meyer*, *M. J. Weber*) die
Stelle in der Mitte der Membran, wo deren Concavität am meisten ausgesprochen
ist. Einige Ohrenärzte der Neuzeit bezeichnen nach dem Beispiele mancher
älterer Anatomen mit „Umbo" die höckerförmige Hervorragung des Processus
brevis mallei am obersten Ende des Trommelfells. Solch verschiedenartige
Benützung Eines Namens bringt manches Missliche mit sich, und sollte man
dieselbe hier um so mehr zu vermeiden suchen, als über die passende Ver-
wendung des bildlichen Namens „Umbo" hier kein Zweifel sein kann. Der
Nabel ist meines Wissens bei allen Menschen eine narbige Einziehung, eine
Vertiefung, und stellt eine Hervorragung nur bei Kindern mit einem Nabel-
bruche vor. — Die Engländer z. B. *Toynbee* nennen den Hammergriff (handle)
auch manchmal „long process of the malleus", während wir unter Processus
longus den nur bei Kindern nachzuweisenden Folianischen Fortsatz verstehen,
welcher nach vorn gegen die Glaser'sche Spalte sich erstreckt. —

Als Curiosum mag noch angeführt werden, dass *Erhard* in seiner „rationellen Otiatrik" constant dem Trommelfell des Kindes eine „mehr vertikale"
Lage zutheilt und den Hammergriff im Trommelfell schief von hinten nach
vorn verlaufen lässt.

§. 13.

Die Farbe des Trommelfells ist ein zartes glänzendes Grau;
Wilde hat sie mit der eines Goldschlägerhäutchens verglichen, *Rau* —
jedenfalls am passendsten — mit der einer Perle. Vermöge seiner
Dünne und Zartheit ist es zugleich durchscheinend (nicht durchsichtig),
daher seine Farbe beeinflusst wird von dem, was dahinter sich befindet.
So kann man manchmal die gegenüberliegende Paukenhöhlenwand leicht

gelblich durchschimmern sehen, noch häufiger ist dies der Fall mit dem langen Fortsatz des Ambosses, welcher hinter dem Hammergriff und parallel mit ihm verlaufend in sehr geringer Entfernung von der Innenseite des Trommelfells gelegen ist, ja manchmal sich derselben bis zur Verwachsung genähert hat. Ein zartes aus der Tiefe durchschimmerndes Roth mischt sich dem Grau des Trommelfells bei, wenn seine Schleimhaut oder die der ganzen Paukenhöhle stärker injicirt ist. Eine verschieden starke gelbliche Beimischung erhält die Farbe, wenn hinter der Membran in der Paukenhöhle gelbliches Secret, in fettigem Zerfall begriffenes Exsudat, sich befindet. In pathologischen Fällen ist auch die Farbe des Trommelfelles selbst den verschiedenartigsten Veränderungen unterworfen und kann alle Schattirungen von weiss bis zu sehnig-grau, von gelb bis zu einem gleichmässigen Roth an sich tragen.

Der zarte Glanz der äusseren Oberfläche ist vermindert oder aufgehoben, sobald die Epidermisschichte etwas bedeckt, gelockert oder durchfeuchtet ist; so constant an Leichen, wo die Epidermis des Trommelfells in ähnlicher Weise wie die der Cornea durch Mazeration verändert wird; so, wenn irgend eine Feuchtigkeit, Wasser oder Oel, in den Gehörgang eingegossen oder eingespritzt wurde; so bei jeder mit Transsudation einhergehenden Ernährungsstörung, wodurch die oberflächliche Schichte durchtränkt und durchfeuchtet ist. Die Oberfläche der Membran erscheint dann mehr oder weniger matt, leicht beschlagen oder unregelmässig weisslich, die Epidermis aufgelockert und abgehoben, wie am Spirituspräparate. — Erhöht ist der Glanz des Trommelfells in gewissen Formen der Einwärtsziehung desselben und erscheint dann die Membran gleichmässig stärker gespannt.

An dem gesunden Trommelfell gibt es neben dem leichten Glanz, welcher über die ganze Oberfläche verbreitet ist, constant eine Stelle, welche das Licht auffallend stark reflectirt und zwar in einer scharf begränzten bestimmten räumlichen Ausdehnung. Dieser eigenthümliche stärkere Lichtreflex findet statt am vorderen unteren Abschnitte der Membran und zwar in einem Bezirke, welcher einem gleichschenkligen Dreieck gleicht, dessen c. $1\frac{1}{2}$ Mm. breite Basis nahezu an dem Rande des Trommelfells, und dessen Spitze am Umbo, etwas vor und unter dem Griffende liegt. Dieser „Lichtkegel" — wie wir diese glänzende Stelle wohl am passendsten nennen, — hat für die Diagnostik der Gehörkrankheiten eine grosse praktische Bedeutung, indem wir aus seinem Aussehen, seiner jeweiligen grösseren oder kleineren Ausdehnung, seinem Verhalten endlich beim Aufblasen des Trommelfells wichtige Schlüsse auf die Beschaffenheit, auf die Krümmung der ganzen Membran machen können. Sobald dieser Lichtkegel irgendwie anders als normal aussieht, findet zugleich eine Aenderung in der normalen Beschaffenheit und namentlich in der normalen Ebene oder Krümmung des Trommelfells statt, deren Entstehung auf Structurveränderungen in der Membran selbst, und am häufigsten auf Processe und Anomalien an seiner hintern Schleimhautfläche und in der Paukenhöhle zu beziehen sind. Bei der Untersuchung des Trommelfells am Kranken muss auf diesen Lichtkegel immer ganz besondere Rücksicht genommen werden, indem hier gerade Anomalien sich manifestiren, welche sonst nicht oder nur schwer zu erkennen sind, und kann kein Arzt, der nicht im einzelnen Falle diesen Lichtreflex bis in seine Einzelnheiten gesehen und geprüft hat, ein bestimmtes Urtheil abgeben, ob das betreffende Trommelfell normal oder abnorm ist, welche Krankheitsprocesse somit das Leiden des Kranken bedingen.

Dieser Lichtkegel, welcher dem Aussehen nach Aehnlichkeit mit dem Hornhautreflex hat, wird in späterer Zeit wohl besser gedeutet und ausgiebiger für die Diagnostik der Gehörkrankheiten benützt werden können, als wir dies jetzt im Stande sind. *Wilde*)* deutet ihn als Ausdruck der Convexität der vorderen Trommelfellhälfte und spricht sich bestimmt dahin aus, dass diese nicht concav, sondern convex sei, indem vom hervorragendsten Punkte derselben ein „Fleck hellen Lichtes" — speck of bright light nennt er unseren Lichtkegel — reflectirt würde. In solcher Ausdehnung möchte ich dieser Anschauung nicht beitreten, indem der obere Theil der vorderen Trommelfellhälfte nicht selten abnorm stark nach innen gezogen, also entschieden concav, ist, ohne dass am Lichtkegel eine wesentliche Verkleinerung zu sehen wäre und ferner der centrale Theil des Trommelfells, welchem ein Abschnitt des Lichtkegels angehört, sicher für concav erklärt werden muss. Dagegen ist allerdings die untere Hälfte der Membran etwas nach aussen vorgewölbt, wie dies die Zeichnung Fig. IV. recht gut erkennen lässt und erscheint dieser Reflex in der Regel kleiner und unbedeutender, wenn das Trommelfell in toto abnorm nach innen gezogen ist, und vergrössert er sich auf der andern Seite fast immer, wenn dasselbe durch Einpressen der Luft in die Paukenhöhle stärker nach aussen vorgetrieben wird. Aehn-

---

*) Siehe dessen Aural Surgery p. 211 oder die deutsche Uebersetzung S. 250.

liche besonders glänzende, das Licht stärker reflectirende Parthien kommen in pathologischen Fällen nicht selten an verschiedenen Stellen und sehr mannichfaltig in Form und Umfang vor, wenn das Trommelfell Unregelmässigkeiten darbietet in Krümmung und Structur. Solche Befunde zeigen sich besonders, wenn einzelne Stellen der Membran nach innen gezogen und mit Theilen der Paukenhöhle verwachsen sind, oder wenn die Dicke und Elasticität der Membran an einzelnen Parthien besonders verändert ist (bei partiellen Verdichtungen und Auflagerungen, Strangbildungen an seiner Innenfläche u. dgl.). Nicht selten werden solche abnorme Reflexe erst sichtbar, wenn das Trommelfell aufgeblasen wird, wie bei diesem Vorgang auch nicht selten ein an und für sich normal erscheinender Lichtkegel häufig Veränderungen erleidet, welche in Vergrösserungen seines Umfanges, in Abschwächung seines Glanzes, in Unterbrechungen desselben nach verschiedenen Richtungen u. s. w. bestehen können.

Diese constant stärker reflectirende Stelle unten vorn am Trommelfell ist meines Wissens von *Wilde* in Dublin zuerst beschrieben und ausserdem nur noch von *Toynbee* in London als „triangular shining spot" erwähnt worden. Ich kann nicht finden, dass Einer der deutschen Ohrenärzte mit Bestimmtheit sie gesehen hat und von ihr ausführlich spricht; eine besondere Bedeutung wurde ihr sicher von Keinem beigelegt. (Am ehesten scheint sie *Erhard* gesehen zu haben, welcher indessen in der Ortsangabe nicht genau ist. S. 208 seiner „ration. Otiatrik" heisst es: Unterhalb und in der Umgegend der knopfartigen Endigung des Griffes erscheint das Trommelfell am hellsten, bildet gleichsam einen Lichtkegel" etc.) Das Uebersehen eines so wichtigen Befundes begreift sich aus der Mangelhaftigkeit der bisher üblichen Untersuchungs- und Beobachtungsmethoden des Trommelfells. Es begreift sich aber weiter aus diesem Umstande, wie viele Abnormitäten des Trommelfells und der Paukenhöhle bisher den Untersuchenden entgangen sein und unter der Masse „nervöser Schwerhörigkeiten" mitunter laufen mögen, welche von den Autoritäten im Fache in Deutschland noch diagnosticirt werden.

An der Leiche erhält man über diese feineren Verhältnisse natürlich keinen Aufschluss, daher auch die Anatomen z. B. die Farbe des Trommelfells äusserst verschieden, meist aber gleich unrichtig angeben, so sagt *Huschke*, es wäre „weisslich", *Krause* und *Weber* „weissröthlich" etc. Vom Anatomen kann man hier nichts verlangen. Welch falsche Bezeichnungen auch manche Ohrenärzte gebrauchen, die hier besser unterrichtet sein könnten, habe ich theilweise schon in §. 11 angeführt. Um nicht der Ansicht Raum zu geben, als beruhe die Wahrnehmung des beschriebenen Lichtkegels auf der Wirkung einer besonderen Beleuchtungsweise, so erinnere ich daran, dass *Toynbee*, *Wilde* und ich,

Jeder das Trommelfell in anderer Art beleuchtet. Während ich das gewöhnliche Tageslicht und einen Hohlspiegel hiezu verwende, benützt *Toynbee* Hohlspiegel und Gaslicht, *Wilde* aber lässt nach der am meisten üblichen Methode
Sonnen- oder helles Tageslicht unmittelbar in den Gehörgang und auf das
Trommelfell fallen.

§. 14.

Die D i c k e des normalen Trommelfells ist eine ungemein geringe,
sie gleicht etwa der von feinem Postpapier. Darin beruht es, dass
die Membran, wie erwähnt, durchscheinend ist und ferner leicht Con-
tinuitätsstörungen unterliegt, sei es durch Ulzeration, sei es durch
äussere Gewalteinwirkung. Ein stärkerer Luftdruck, von aussen
durch den Gehörgang kommend, kann das Trommelfell zerreissen, so
kommen öfter E i n r i s s e desselben vor bei Artilleristen, welche beim
Abfeuern der Geschütze nahe an der Mündung stehen; dasselbe
beobachtete ich mehrmals als Folge von Ohrfeigen und möchte sich
daher jeder andere Theil besser für Applikation körperlicher Züch-
tigung eignen, als gerade die Ohrgegend. In allen Fällen, in welchen
ich solche Einrisse in Folge der erwähnten beiden Ursachen — sei
es frisch oder als Narben — beobachtete, verlief der Riss hinter dem
Hammergriff und parallel mit ihm, gerade von oben nach unten.
Ganz derselbe Verlauf der Narbe oder des Einrisses findet sich in
mehreren ähnlichen Fällen angegeben, welche in der Literatur verzeichnet sind, so dass solche Zerreissungen des Trommelfells vorzugsweise in dieser Richtung vorzukommen scheinen.

Der geringen Dicke des Trommelfells scheint man sich in der
Praxis gewöhnlich nicht zu erinnern, sonst würden wohl die Aerzte
weniger häufig ein S o n d i r e n d e s T r o m m e l f e l l s vornehmen, wenn
sie sich Aufschluss verschaffen wollen, wie dasselbe an Kranken beschaffen,
namentlich ob es durchlöchert sei oder nicht und dgl. Ein solches
Sondiren dieser dünnen und zarten Membran, namentlich wie es oft
genug geschieht, ohne jede ordentliche Beleuchtung der tieferen
Theile und meist auch ohne genaue anatomische Erinnerungen gleicht
einem Tappen im Dunkeln, ist daher nicht nur ungeeignet zum
Zwecke der Untersuchung, sondern auch oft nachtheilig, indem man
mit der Sonde sehr leicht das Trommelfell verletzen und durchstossen
kann, zumal die Wände des Gehörganges und die Aussenfläche des
Trommelfells gegen Berührung sehr empfindlich sind und die Kranken
desshalb bei solchen Prozeduren oft unwillkührliche Bewegungen mit
dem Kopfe machen. Man hat die Sonde beim Untersuchen des Ohres
allerdings manchmal nöthig, so bei Abszessen im Gehörgange, ferner

bei Wulstung einzelner Theile, wo auch der geübteste Spezialist manchmal nicht recht weiss, mit welchem Gewebe er es zu thun hat, dann besonders bei polypösen Excreszenzen, um behufs ihrer Beurtheilung und operativen Entfernung den Verlauf und den Ausgangspunkt kennen zu lernen. In den übrigen Fällen genügt fast immer die Besichtigung mit dem Auge, natürlich unter richtiger Beleuchtung der Theile und Benützung passender Instrumente. Auf diese Weise können wir uns am besten überzeugen, ob das Trommelfell durchlöchert ist oder nicht, und wie die Theile ausserdem beschaffen sind; während dies mit der Sonde jedenfalls viel schwerer erreicht wird und wir dabei Gefahr laufen, eine Perforation zu schaffen, wo vorher noch keine war. Selbst bei Caries im Ohre finde ich die Sonde in der Regel für contraindizirt. Einmal kann uns gewöhnlich die Untersuchung mit ihr nichts lehren, was uns nicht schon eine genaue Besichtigung der Theile an die Hand gibt, andererseits können wir hier gerade dem Patienten leicht unnöthige Schmerzen bereiten und selbst beim vorsichtigsten Verfahren an den erweichten Parthien Störungen im Zusammenhange veranlassen, welche weitgehende Folgen nach sich zu ziehen vermögen. Man überzeuge sich nur an cariösen Felsenbeinen, wie sie jede anatomische Sammlung besitzt, auf welche Dünne z. B. die an und für sich zarte Wand meist zurückgeführt ist, welche die Paukenhöhle vom Labyrinth trennt und welche beim Substanzverlust des Trommelfells zunächst von der Sonde berührt wird. Jede auch noch so vorsichtige und gut controllirte Berührung dieser Wand mit der Sonde könnte bei Erweichung des Knochens die Communication zwischen Paukenhöhle und Schnecke oder Vorhof herstellen, und der Eiter, der einmal in's Labyrinth gedrungen, würde sicher eine Fortpflanzung der Erkrankung auf den Porus acusticus internus und somit auf die Hirnhäute bedingen, welche diesen Kanal auskleiden. —

So oft man die Sonde beim Untersuchen des Ohres nöthig hat, muss man sich einmal des Verlaufes des Gehörganges, der Widerstandsfähigkeit der Theile und aller anatomischen Einzelnheiten genau bewusst sein, vor Allem muss man aber die tieferen Theile, welche man auf diese Weise in's Bereich der Betastung und Berührung zieht, gut beleuchten, damit das Auge der sichere Führer der Hand sei und die Sonde nicht im gefährlichen Dunkeln herumtappe und Unheil anrichte. Wer über diese beiden Bedingungen nicht gebieten kann, unterlasse es, seiner Wissbegierde auf so unsichere Weise zu dienen und bedenke, dass der Arzt, wo er nicht nützen kann, wenigstens die Verpflichtung hat, nicht zu schaden. Noch ist kein Jahr

vergangen in meiner Praxis, welches mir nicht den einen oder anderen
Fall gebracht hat mit deutlichen Spuren solcher ärztlichen Untersuchung und Einer davon endete tragisch!

§. 15.

Eine weitere praktisch-wichtige Eigenschaft des Trommelfells
ist seine Elastizität. Dasselbe kann einen ziemlich starken Druck
von aussen nach innen ertragen, bevor es einreisst, es kann ebenso
ganz oder theilweise durch Verwachsungen mit der Paukenhöhle nach
innen gezogen sein, ohne eine Continuitätstrennung oder Ablösung
zu erleiden. Wir können uns ferner mit eigenen Augen an jedem
Kranken überzeugen, dass es einen sehr beträchtlichen Luftdruck
von innen aushalten kann und sich dabei gegen den Gehörgang zu
vorbaucht. Wie schon oben erwähnt, können wir diese Bewegung
des Trommelfells nach aussen wahrnehmen, wenn wir den Kranken
heissen, die eingeathmete Luft in's Ohr zu pressen, während der
gewöhnliche Ausgang, Mund und Nase, geschlossen ist. Noch besser
lässt sich diese Bewegung beobachten, wenn wir das Trommelfell
besichtigen, während durch den fixirten Katheter ein Strom com-
primirter Luft aus einer Compressionspumpe stromweise in die
Paukenhöhle eintritt oder wenigstens ein Dritter kräftig in den
Katheter einbläst. Bei sehr starkem Luftstrom sieht man am
vorderen und am hinteren Rande dieses Ausweichen des Trommelfells gewöhnlich am stärksten, bei mässiger Gewalt wölbt sich am
häufigsten die hintere obere Anheftung der Membran hervor und
entsteht dort meist ein breiter verwaschener Lichtreflex; manchmal,
durchaus aber nicht immer, macht auch der Hammergriff dabei eine
Bewegung und verrückt sich das ganze Trommelfell in toto nach
aussen.

Die Beobachtung dieser Bewegungen des Trommelfells
beim Aufblasen desselben und bei der Luftdouche sind bei der Kranken-
untersuchung sehr wichtig, indem man aus der Art und Weise derselben und aus den Erscheinungen und Veränderungen, welche sich
hiebei einstellen, eine Reihe von Schlüssen ziehen kann auf die
Structurverhältnisse der Membran selbst, und auf ihr Verhalten
zur Paukenhöhle. Auf alles Einzelne, was sich hiebei beobachten
lässt, einzugehen, ist hier nicht am Platze. Ich will nur anführen,
dass man nicht selten sieht, wie einzelne Theile des Trommelfells
hiebei zurückbleiben, sich nicht gegen den Gehörgang zu bewegen,
im Gegentheil, während die übrige Membran nach aussen tritt, mehr

nach innen gespannt, concaver erscheinen. Wir müssen daraus auf Fixirnng dieser Theile, Verwachsung derselben mit einer Parthie der Paukenhöhle schliessen. Auch manche andere Zustände, Strangbildungen an der Innenfläche, partielle Verdichtungen und Verdünnungen des Trommelfells markiren sich auf diese Weise am deutlichsten. Fast stets werden nach wiederholtem Aufblasen die längs des Hammergriffes verlaufenden grösseren Gefässe sichtbar, indem sie sich als einen mehr oder weniger dicken rothen Strang darstellen, welcher, wenn über dem Hammergriff selbst liegend, denselben etwas verdeckt. Meist kann man hiebei verfolgen, wie diese Gefässe von der obern Wand des Gehörgangs sich auf das Trommelfell erstrecken. Waren die Gefässe vorher abnormer Weise injicirt, so füllen sie sich meist noch stärker, wenn der Kranke selbst die Membran aufbläst; geschieht dies aber nicht durch den Patienten, sondern mittelst des Katheters, so sehen wir nicht selten die vorher vorhandene Injection fast unter unseren Augen geringer werden, selbst verschwinden.

Es ist noch nicht lange her, so stritt man sich des Langen und Breiten darüber, ob es möglich sei, in die Paukenhöhle Luft einzutreiben, ohne dass das Trommelfell ein Loch habe. Ein Arzt schrieb eine lange gelehrte Abhandlung darüber, dass es „aus hydrostatischen Gesetzen" undenkbar sei, bei unverletztem Trommelfell durch die Eustachische Trompete Luft in die Paukenhöhle zu blasen. Ein anderer Ohrenarzt erklärte (1845) ebenso, dass man im Trommelfell „eine künstliche Oeffnung anbringen müsse, um den Eintritt von Luft- oder Wassereinspritzungen in die Paukenhöhle zu ermöglichen". Andere schrieben wieder dagegen und suchten durch Experimente an besonderen, dem Ohre nachgebildeten Apparaten und durch physikalische Gründe das Gegentheil zu beweisen. Alle diese Raisonnements waren recht überflüssig, da man sich durch unmittelbare Beobachtung am Lebenden sehr leicht hätte überzeugen können, wie die Sache sich verhält.

§. 16.

Ob das Trommelfell für gewöhnlich eine gewisse vom Pulse der Arterien abhängige Bewegung hat, ist sehr fraglich; auch bei der besten Beleuchtung und genauesten Beobachtung konnte ich nie welche wahrnehmen. Das Merkwürdige ist aber, dass, sobald das Trommelfell durchlöchert ist, eine in der Oeffnung befindliche Wasseroder Schleimblase stets eine pulsirende mit dem Herzschlag gleichzeitige Bewegung zeigt. *Wilde*, der treffliche Beobachter, welcher auch auf diese Erscheinung zuerst aufmerksam machte, spricht sich dahin aus, dass diese Bewegung dem Trommelfell durch seine reichliche Gefässversorgung mitgetheilt werde. Man sollte dann freilich denken, es müsste auch das nicht durchlöcherte Trommelfell solche Schwingungen erleiden, namentlich wenn seine Gefässe in höherem

Grade gefüllt sind. Wahrnehmen konnte ich eine solche Bewegung des nicht perforirten Trommelfelles nie, auch wenn es sehr stark injicirt war; sowenig als solche Kranke immer über subjective Hörempfindungen „Pulsiren im Ohre, Ohrenklingen" u. dgl. klagen, was man doch vermuthen sollte.

Diese Pulsation des Flüssigkeitstropfens in der Tiefe gibt manchmal werthvolle diagnostische Anhaltspunkte, indem man bei stärkerer Schwellung und sonstiger Veränderung der tieferen Theile nicht immer mit Sicherheit sagen kann, ob eine abnorme Communication zwischen Gehörgang und Paukenhöhle vorhanden ist. Zeigt sich dagegen eine solche pulsirende Bewegung des Wasser- oder Eitertropfens, welche vermöge seines starken und wechselnden Glanzes sehr leicht zu sehen ist, so wissen wir vollständig sicher, dass eine Continuitätstrennung des Trommelfells stattgefunden hat. Nicht aber gilt der umgekehrte Schluss, indem nicht immer eine solche Pulsation zu sehen ist, z. B. nie, wenn die Perforation sehr umfangreich.

§. 17.

Was die anatomische Zusammensetzung des Trommelfells betrifft*), so besteht dasselbe bekanntlich aus drei Schichten, nämlich einer mittleren fibrösen Platte, der Lamina propria s. fibrosa Membranae Tympani, und den beiden Ueberzügen, welche dieselbe an der äusseren Oberfläche von der Haut des Gehörgangs und innen von der Schleimhaut der Paukenhöhle erhält. Es sind somit drei der wichtigsten Gewebsysteme des thierischen Organismus in dieser Membran vertreten: äussere Hautdecke, fibröses Gewebe und Schleimhaut. Durch diese Zusammensetzung, wie durch die Lage als Scheidewand zwischen zwei Cavitäten, der Paukenhöhle und dem äussern Gehörgange, erklärt es sich, warum Gewebsalterationen des Trommelfells so häufig und dasselbe so vielfach bei den Erkrankungen der Nachbartheile mitleidet.

Der äussere Ueberzug des Trommelfells besteht nicht nur aus Epidermis, wie man dies lange glaubte, sondern auch Cutiselemente setzen sich von der Haut des äusseren Gehörganges auf die Trommel-

---

*) Ausführlichere Angaben über die Histologie des Trommelfells, als hier gegeben werden können, siehe in meinen „Beiträgen zur Anatomie des menschlichen Trommelfells" (*Kölliker* u. *Siebold's* Zeitschrift für wissenschaftl. Zoologie, 1857, IX. Bd.) und in *Gerlach's* „Mikroskopischen Studien aus dem Gebiete der menschlichen Morphologie" (Erlangen 1858) S. 54 — 64.

fell-Oberfläche fort. Es findet dies am ganzen Umfange der Membran statt, überall wo sie an die Gehörgangswand angränzt; am reichlichsten aber oben, wo von der Wand des äusseren Ohrkanals ein ziemlich beträchtlicher Strang auf das Trommelfell übergeht, welcher bei näherer Besichtigung aus Bindegewebe mit reichlich eingestreuten elastischen Fasern, aus mehreren Gefässen und einem verhältnissmässig sehr starken Nervenstamme besteht. Dieser Strang zieht sich dem Hammergriff entlang von oben nach unten bis zum Umbo, von wo aus alle seine Bestandtheile in centrifugaler Richtung sich ausbreiten und verästeln.

Die äussere Oberfläche des Trommelfells und zwar seine Coriumlage ist jedenfalls der Theil der Membran, welcher am meisten Gefässe und Nerven enthält. Krankhafte Prozesse in dieser Schichte, wie sie namentlich bei Kindern sehr häufig vorkommen, sind daher gewöhnlich sehr schmerzhaft und gehen fast immer mit freier Zellenbildung, Eiterung, einher. Die schmerzhaften Ohrenentzündungen der Kinder („Ohrenzwang“) mit folgender Otorrhoe sind sehr oft Entzündungen der Trommelfell-Oberfläche, sei es, dass diese selbständig erkrankt oder sich die Entzündung erst vom Gehörgang auf dieselbe fortpflanzt. Eine häufige Folge der Oberflächenerkrankung des Trommelfells ist eine Verdickung der Cutislage, wobei die Membran dann flacher, ihres Glanzes und ihrer normalen Farbe beraubt, ihre Concavität mehr ausgeglichen erscheint und der Hammergriff entweder ganz unsichtbar oder nur sein hervorragendster Theil, der Processus brevis mallei, zu erkennen ist, indem das sonst als weisslicher Streifen auffallende Knöchelchen von der dort gerade am mächtigsten entwickelten Cutisschichte bedeckt wird. Bei grösserem Gefässreichthume erscheint ein solches Trommelfell mit verdickter Coriumlage, also bei chronischer Trommelfell-Entzündung, als eine gleichmässig rothe, granulirende Fläche, gleich einer mit chronischer Blennorrhoe behafteten Conjunctiva, und können sich, wenn solche Zustände sich selbst überlassen bleiben, durch eine gesteigerte Entwicklung einzelner Granulationen förmliche Polypen ausbilden, welche zu vermehrter Otorrhoe und sonstigen Veränderungen der ganzen Umgebung führen. All diese leicht zu beobachtenden Zustände erklären sich daraus, dass die fibröse Platte des Trommelfells nach aussen neben ihrem Epidermoidalüberzuge dichtere zu Wucherung geneigte Elemente bindegewebiger Natur besitzt, welche bei Kindern am reichlichsten, indessen auch bei Erwachsenen sich leicht nachweisen lassen. Complizirtere Bestandtheile wie Drüsen und Papillen besitzt dieser Ueberzug nicht.

Der innere Ueberzug des Trommelfells, seine Schleimhautplatte besteht für gewöhnlich nur aus einer mehrfachen Lage
Pflasterepithel, ist somit unter normalen Verhältnissen von kaum
darstellbarer Dünne. Bei pathologischen Zuständen, also dem so
ungemein häufigen Catarrh des Mittelohrs, verändert und verdickt
sich diese dünne Schichte oft sehr bedeutend. Eine solche Verdickung
beginnt immer am Rande der Membran, dort, wo eben die Schleimhaut der Paukenhöhle auf das Trommelfell übergeht und deren Mucosa
an und für sich am stärksten entwickelt ist. Wie sich daher Ober-
flächen-Veränderungen des Trommelfelles, Verdickungen seiner Cutislage, am stärksten und frühsten längs des Hammergriffes aussprechen,
welcher dabei immer mehr oder weniger undeutlich und verdeckt
wird, so leidet umgekehrt beim Catarrh der Paukenhöhle und bei
Verdichtungen an der Innenfläche des Trommelfells dessen äusserste
Peripherie zuerst und am meisten, erscheint weniger durchscheinend,
mehr opak-grau, ja ist der Rand nicht selten in einen ganz undurch-
sichtigen, weisslichen, dichten Saum verwandelt, während die Mitte
in Farbe und Aussehen verhältnissmässig weniger und die äussere
Oberfläche in ihrem Glanze, in der Sichtbarkeit des Griffes etc. gar
nicht verändert ist. Alle anatomischen Gründe sprechen dafür, dass
Erkrankungen der Schleimhautplatte des Trommelfells nie allein,
sondern nur in Gemeinschaft und in Abhängigkeit eines Schleimhaut-
leidens der ganzen Paukenhöhle vorkommen; daher wir aus den erwähnten am Lebenden sehr wohl erkennbaren Veränderungen an der
inneren Seite des Trommelfells den Schluss ziehen dürfen auf einen
entsprechenden Zustand der ganzen die Paukenhöhle auskleidenden
Schleimhaut.

Gerlach beobachtete an der Randzone der Schleimhautschichte des Trommelfells allenthalben und in ziemlicher Menge vorhandene eigenthümliche mikroskopische Hervorragungen, „die man entweder als Papillen oder Zotten der
Schleimhaut ansehen kann". „Dieselben haben bald eine kugelförmige Gestalt
welche an die schwammförmigen Papillen der Zunge erinnert, bald bilden sie
einfache fingerförmige Verlängerungen der Schleimhaut, ähnlich den Darm-
zotten." „Nach Nervenfasern habe ich in diesen Gebilden umsonst gesucht und
bin daher auch geneigt, dieselben eher mit Zotten als mit Papillen zusammen-
zustellen, wofür auch der Umstand spricht, dass einzelne mit der Schleimhaut
nur durch Stiele zusammenhängen."

§. 18.

Die mittlere fibröse Platte des Trommelfells oder seine
Lamina propria besteht aus eigenthümlichen Fasern, welche theils
speichenförmig, theils ringförmig angelagert sind, und verlaufen diese

in zwei getrennten, leicht zu isolirenden Schichten, von denen jede nur Fasern der Einen Art enthält.

Die äussere dieser Schichten besteht aus radiären Fasern, welche von den Seiten des Hammergriffes entspringend speichenartig gegen die Peripherie zu ausstrahlen (Radiärfaserschichte). Die innere, gegen die Paukenhöhle zu gelegene wird von concentrisch angeordneten Fasern gebildet, welche, an der äussersten Peripherie fehlend *), nahe daran am stärksten entwickelt sind, um gegen die Mitte zu wieder spärlicher zu werden. Diese Ringsfaserschichte hängt auf's innigste mit der Schleimhautplatte des Trommelfells zusammen und lässt sich leichter von der Radiärfaserschichte als von jener trennen. Sie scheint auch unter besonderem Ernährungseinfluss der Mucosa zu stehen und nimmt darum meist Theil an den intensiveren Erkrankungen und Veränderungen der Paukenhöhlenschleimhaut. So entsprechen die sehnigen und kalkigen Degenerationen im Trommelfell, wie sie bei alten und hochgradigen Formen von chronischem Catarrh des Mittelohres gar nicht selten zur Beobachtung kommen, fast konstant in ihrer Form und Ausbreitung der Faserrichtung und Lage dieser Schichte, und liegen ebenso wie die Ringsfasern, nie am äussersten Rande, sondern nahe daran, in einer intermediären Zone zwischen Peripherie und Centrum.

Von dieser doppelten Faserrichtung kann man sich meist schon mit blossem Auge bei einfach durchfallendem Lichte überzeugen, wenn man nach Abtrennung der Pyramide, die Schläfenbeinschuppe

---

*) Ich nahm früher, wie die vorhergehenden Untersucher der Trommelfellstruktur, *Wharton Jones* und *Toynbee*, an, dass die Ringsfasern bis an die äusserste Peripherie sich erstrecken, ja dort gerade am mächtigsten sind. Es ist dies ein Irrthum, den Prof. *Gerlach* zuerst nachgewiesen hat und von dem man sich häufig bereits beim Halten des trockenen Trommelfells gegen das Fenster überzeugen kann. Bei der mikroskopischen Untersuchung dagegen lässt sich der wahre Sachverhalt viel schwerer eruiren, indem die äusserste Randzone der Mucosa des Trommelfells sehr häufig leichte Verdickungen zeigt, welche dann die rein radiäre Faserrichtung an der Peripherie weniger deutlich hervortreten lassen und ebenso wirken oft die mit dem Annulus tendineus abgelösten Theile, welche sich über den Rand hereinlegen. Will man letzteren störenden Umstand durch ein Wegschneiden des Ringwulstes vermeiden, so nimmt man häufig auch die angränzende Parthie Trommelfell mit und sieht dann allerdings die Ringsfasern an der äussersten Peripherie. So kam es, dass vor *Gerlach* sämmtliche Untersucher in dieser Beziehung sich täuschten.

Ganz oben bilden jedoch die Ringsfasern entschieden den äussersten Rand und liegen sie über dem Processus brevis mallei nach aussen, während sie sonst nach innen vom Hammergriffe gelegen sind. In dieser Beziehung bleibe ich durchaus auf meinen Angaben, wie ich sie in der Zeitschrift für Zoologie aufgestellt.

mit dem Trommelfell gegen das Fenster hält; genauer durch Betrachtung der ganzen Membran bei schwacher mikroskopischer Vergrösserung. Es ist klar, dass durch diese Anordnung der Fasern in zwei entgegengesetzten Richtungen die Stärke und Widerstandsfähigkeit der dünnen Membran um ein Wesentliches gesteigert ist.

Die fibröse Platte des Trommelfells besteht in ihren beiden Schichten aus scharfcontourirten, das Licht sehr stark brechenden, homogenen, bandartigen Fasern durchaus eigenthümlicher Art. Zwischen ihnen liegen in regelmässiger reichlicher Anordnung spindelförmige, mit mehreren Ausläufern versehene, oft deutlich kernhaltige Zellen, Bindegewebskörperchen, welche sich verschieden verhalten in Lagerung des Zellenkörpers und Richtung der Ausläufer je nach den beiden Schichten. Mikroskopische Durchschnitte des Trommelfells (namentlich bei Kindern, wo die Zellen sehr gross und entwickelt), geben ein prachtvolles Bild eines mit einem feinen Zellennetze und deren Ramifikationen nach allen Richtungen durchzogenen Gewebes, schöner selbst, als wir es bei Durchschnitten von Sehnen oder der Hornhaut zu sehen gewohnt sind. (Beim Neugebornen sind diese Fasern viel schmäler, gleichen mehr dem gelockten Bindegewebe, indem sie das Licht weniger stark brechen als beim Erwachsenen. Die interstitiellen Zellen kommen dagegen auf Zusatz von Essigsäure in ungewöhnliche Schnelle und Menge zum Vorschein.)

Das Trommelfell hat auch in histologischer Beziehung sehr viel Aehnlichkeit mit der Hornhaut des Auges und gleichen viele Beschreibungen und Zeichnungen von ulzerativen und sonstigen pathologischen Zuständen der Cornea, wie sie *Ilis* u. A. geben, sehr oft dem Bilde, welches verwandte Veränderungen des Trommelfells unter dem Mikroskope darbieten.

Die fibröse Lamelle des Trommelfells besitzt noch einen eigenthümlichen, ziemlich beträchtlichen Anhang oder ein Nebenblatt, welches wohl desshalb bisher den Anatomen entgangen ist, weil es für gewöhnlich vom Körper und dem langen Fortsatze des Ambosses verdeckt wird. (Siehe hier Fig. II.) An der der Paukenhöhle zugewandten Seite der Membran nämlich und zwar an dem obersten Theile der hinteren Hälfte findet sich eine 3—4 Mm. hohe und 4 Mm. breite Falte (c.), welche dicht hinter dem Knochenrande, in welchem das Trommelfell eingefalzt ist, entspringt und bis an den Hammergriff (M. M.) sich erstreckt. Es entsteht so ein nach unten offener, nicht unbeträchtlicher Hohlraum, welchen ich als „hintere Tasche des Trommelfells" (a) bezeichnete. An dem hinteren

Theile des freien Randes dieser Duplikatur verläuft die Chorda tympani. (Ch. T.) In dieser Tasche findet man in der Leiche nicht selten Schleim angehäuft und da sich hier zwei mit Schleimhaut überzogene Flächen nahe gegenüberliegen, kommen bei catarrhalischen Processen der Paukenhöhle vollständige oder theilweise Verwachsungen dieser Tasche vor, welche Zustände man auch am Lebenden aus entsprechenden Veränderungen an der hinteren oberen Parthie des Trommelfells erkennen kann. Die beste Ansicht dieser Duplikatur und der durch sie gebildeten Tasche bekommt man, wenn man das Trommelfell noch im Schläfenbein befestigt von innen betrachtet, nachdem die Pyramide oder wenigstens das ganze Dach der Paukenhöhle weggenommen und der Ambos aus seiner Gelenkverbindung mit dem Hammerkopfe (C. M.) entfernt ist. Die beschriebene Duplikatur trägt wesentlich zur Erhaltung des Hammers in seiner Lage bei, und lassen sich mit diesem Knöchelchen weit ausgiebigere Bewegungen machen, sobald man dieselbe einschneidet. Das erwähnte Blatt der hinteren Tasche besteht aus denselben charakteristischen Fasern, welche die Fibrosa des Trommelfells kennzeichnen, und erweist sich auch dadurch als ein integrirender Theil der Lamina propria des Trommelfells, dass sie wie diese vom Annulus tympanicus ihren Ursprung nimmt, wie man sich beim Neugeborenen überzeugen kann, während die Chorda tympani aus dem zunächst liegenden von dem Annulus tympanicus genetisch getrennten Knochen heraustritt.

Ein ähnlicher abgeschlossener Raum an der Innenfläche des Trommelfells existirt auch nach vorn vom Hammer; doch wird diese „vordere Tasche des Trommelfells" (b) nicht von einer Duplikatur der fibrösen Platte gebildet, sondern durch einen kleinen dem Hammerhalse sich zuwölbenden Knochenvorsprung und durch alle durch die Fissura Glaseri ein- und austretenden Gebilde — also nebst dem nur bei Kindern vollständigen Processus longus mallei, vom Ligamentum anterius, der Chorda tympani und der Arteria tympanica inferior. Diese vordere Tasche ist weniger hoch und lang als die hintere *).

Die Befestigung des Trommelfells in der Schläfenbeinschuppe ist durch einen ringförmigen Streifen verdichteten weisslichen Bindegewebes vermittelt, — Annulus cartilagineus nannten ihn die meisten

---

*) Ausführlicheres über diese zuerst von mir beschriebenen Taschen siehe a. a. O. S. 95, dann in den Würzburger Verhandlungen vom J. 1856, Sitzungsberichte S. XXXIX oder in *Virchow's* Archiv 1859 Bd. XVII. S. 25.

Autoren unrichtiger Weise, als „Sehnenring" bezeichnet ihn *Arnold*, als „Ringwulst" *Gerlach* — welcher um den grössten Theil der Membran herumgeht und sich in der für dieselbe bestimmten Knochenrinne einfalzt. Knochenrinne wie Sehnenring fehlen am obersten Theile zu beiden Seiten des Processus brevis mallei und ist dort die Befestigung des Trommelfells am losesten, indem dasselbe an dieser Stelle curvenförmig unmittelbar in die Haut des Gehörgangs übergeht. Bei einem zu starken Drucke, welcher von innen namentlich auf die peripherischen Theile der Membran einwirkte, z. B. bei übertriebener Luftdouche, könnte hier am obersten Theile jedenfalls am leichtesten eine Lostrennung derselben stattfinden.

Von dem durchaus eigenthümlichen Bindegewebe, das die fibröse Platte zusammensetzt, sagt *Gerlach:* „Dasselbe hält gleichsam die Mitte zwischen dem fibrillirten und dem homogenen Bindegewebe von *Reichert* und dürfte vielleicht mit am besten sich eignen, die vielbesprochene Bindegewebsfrage einer endlichen Lösung nahe zu bringen." „Auch nicht die geringste Spur von Fibrillen, welche dieselben als feine Bindegewebsbündel charakterisiren würden, ist an diesen Fasern nachweisbar."

An Durchschnitten kindlicher Trommelfelle, die sich zum Studium der zelligen Bestandtheile der Fibrosa am meisten empfehlen, fand ich mehrmals eine konstante Beziehung zwischen den Bindegewebskörperchen und dem Epithel, so dass es aussah, als ob das Epithel der Innenfläche des Trommelfells Fortsätze in das eigentliche Gewebe hineinsende, oder die Ramifikationen der Bindegewebskörperchen in directem Zusammenhange stünden mit den Epithelzellen. —

Wenn Missverstand und Oberflächlichkeit massenhaft zu Tage treten, können sie eine wahrhaft komische Wirkung hervorbringen. So sagt *Erhard* (S. 313 seiner „rationellen Otiatrik"): „Die neueste Monographie über die Struktur des Trommelfells ist in *Gerlach*'s mikroskopischen Studien erschienen und sehr zu empfehlen! Im Allgemeinen werden die Ansichten von *v. Troeltsch* bestätigt, die mittlere Tunica propria soll der Cornea am meisten ähnlich sein und aus spindelförmigen Körperchen bestehen, während die taschenartigen Duplikaturen der hinteren Schleimhautschichte sich als stark entwickelte Zotten herausstellen." Ich vermuthe, Herr Prof. *Gerlach* wird sich von dieser Empfehlung sehr gehoben fühlen, zumal ihm nachgesagt wird, er erkläre das Trommelfell als „aus spindelförmigen Körperchen bestehend", und weiter von *Gerlach* behauptet wird, er werfe die von mir beschriebene Duplikatur des Trommelfells — „Duplikaturen der hinteren Schleimhautschichte" drückt sich *Erhard* aus — welche 3—4 Mm. hoch und 4 Mm. breit ist und oben hinten am Trommelfell liegt, mit den von ihm entdeckten Zotten zusammen, deren stärkste 0,10‴ breit und 0,12‴ lang und über die ganze Innenseite des Trommelfells, mit Ausnahme der Mitte, in beträchtlicher Menge verbreitet sind!!!

§. 19.

Die Gefässe des Trommelfells. Dasselbe besitzt zwei aus verschiedenen Quellen kommende Gefässnetze, welche (nach *Gerlach*)

nur an der Peripherie durch capilläre Anostomose in Verbindung
stehen. Die äusseren Gefässe verlaufen in der Cutislage, die inneren
in der Schleimhaut des Trommelfells, die dazwischen liegende fibröse
Schichte ist vollständig gefässlos.

Gelungene künstliche Injectionen des Trommelfells zu erhalten,
ist äusserst schwierig. Sehr häufig findet man aber an Leichen,
namentlich Kindesleichen, recht gute, natürliche Injectionen des einen
oder anderen Bezirkes, und sind solche Anfüllungen der Gefässe mit Blut,
wie sie auch am Lebenden theilweise zur Beobachtung kommen, hier
gerade sehr belehrend und interessant. Obwohl der dickste Theil
des Trommelfells, die fibröse Platte, keine Gefässe besitzt, so ist die
Regenerationskraft der Membran doch eine ziemlich beträchtliche. Frische ulzerative und traumatische Durchlöcherungen heilen
in der Regel von selbst, wenn nur alle schädlichen Einflüsse fern
gehalten werden und selbst ältere von mässigem Umfange verkleinern
oder schliessen sich häufig unter einfacher Sorge für Entfernung
und Beschränkung des von der erkrankten Umgebung gelieferten
eiterigen Secretes. Geheilten Perforationen begegnet man daher gar
nicht selten in der Praxis; sie stellen sich meist als dünnere, scharf
abgegränzte, flach eingesunkene Stellen dar. Eine etwa linsengrosse
geheilte Perforation untersuchte ich genauer an der Leiche. (A. a. O.
S. 16.)

Das äussere Gefässnetz des Trommelfells stammt aus den Cutis-
gefässen des Gehörganges, und setzen sich dessen Gefässe in derselben
Weise auf die Oberfläche des Trommelfells fort, wie wir dies oben
von der Cutis selbst gesehen haben. Einmal geschieht dies nämlich
an dem ganzen Umfange des Trommelfells, wo sie einen feinen centri-
petalen Gefässkranz bilden, welchen man gewöhnlich gemeinschaftlich
mit dem angrenzenden tiefsten Theil des Gehörganges injicirt findet.
Diese Gefässchen sind indessen sehr fein und kommt ihre Injection
seltener zur Beobachtung. Einige stärkere Gefässe erstrecken sich
von der oberen Wand des Ohrkanales auf's Trommelfell und verlaufen
diese entweder unmittelbar über dem Hammergriff oder etwas hinter
demselben bis zum Umbo, zur Mitte der Membran, von wo aus sie
sich schliesslich radienförmig gegen den Rand zu verästeln und dort
mit dem peripherischen Gefässnetze zusammentreffen. Diese stärkeren
Gefässe sind sehr häufig an der Leiche wie am Lebenden blutgefüllt,
und tritt ihre Röthung fast unter unseren Augen ein, wenn wir
warmes Wasser in den Gehörgang einspritzen oder der Kranke sein
Trommelfell mehrmals aufbläst, oder wir durch den Katheter reizende

Dämpfe z. B. Salmiak einströmen lassen. (*Bonnafont* beobachtete, dass hohe Töne, welche das Trommelfell treffen, dieselbe Wirkung ausüben *.)

Das innere, in der Schleimhaut verlaufende Gefässnetz des Trommelfells stammt aus den Gefässen der Paukenhöhle, ist aber von weit geringerer Stärke und Bedeutung als die äusseren, oberflächlich verlaufenden Gefässe.

Bisher nahm man allgemein an, dass das Trommelfell den wesentlichsten Theil seiner Gefässzufuhr aus der Paukenhöhle bekomme, und dass namentlich die grösseren Stämme am Hammergriff von der Stylomastoidea stammen, somit von innen heraustreten. Dass das Gegentheil der Fall ist und das Trommelfell den grössten Theil seines Ernährungsmaterials von aussen, vom Gehörgange erhält, wurde meines Wissens zuerst von mir nachgewiesen**) und ist dieses Verhalten von grosser practischer Bedeutung für die Frage über Blutentziehungen bei Ohrenleiden und welcher Ort hiezu am geeignetsten ist. Oertliche Blutentleerungen suchen wir bekanntlich immer an einer Stelle zu machen, welche unter gleichem Ernährungsbezug mit dem erkrankten Organe steht. Wenn wir nun wissen, dass der äussere Gehörgang und das Trommelfell gemeinschaftlich ihre Gefässe grösstentheils aus der Arteria auricularis profunda beziehen, welche hinter dem Gelenkfortsatz des Unterkiefers, also vor der Ohröffnung liegt und zuerst den Tragus und den vorderen Abschnitt des Gehörgangs versorgt, ferner, dass ebendaselbst die Hauptvene des äusseren Ohres, die V. auricularis profunda, liegt, so werden wir von vornherein uns sagen müssen, dass bei allen Entzündungen des Gehörgangs und des Trommelfells Blutegel an die Ohröffnung und vor dieselbe angesetzt, weit bessere Dienste thun müssen, als an den Processus mastoideus applicirt, wie dies gewöhnlich bei allen entzündlichen Ohrenleiden ohne Unterschied zu geschehen pflegt. Diese aprioristische Anschauung wird durch die Erfahrung bestätigt. Die schmerzhaftesten Ohrenaffectionen sind gerade Entzündungen des Gehörgangs und der Trommelfell-Oberfläche. Hier nützen nun entschieden einige Blutegel, an und vor die Ohröffnung gesetzt, weit mehr, als die doppelte und dreifache Anzahl hinter das Ohr angelegt, auf welches erfahrungsgemässe Factum bereits *Wilde* aufmerksam gemacht hat. Vergleichungen über den grossen Einfluss des einen und die verhältnissmässig geringe

---

*) Gazette méd. de Paris. 28 Janv. 1842.
**) Zeitschr. f. wissenschaftl. Zoologie Bd. IX. S. 97.

Wirkung des anderen Verfahrens an Einem Individuum zu machen, dazu bietet die Praxis gar nicht selten Gelegenheit. Es gibt wohl kaum ein entzündliches Leiden, bei welchem Blutegel, richtig angewandt, so rasche und unmittelbare Linderung der heftigsten Schmerzen verschaffen, als gerade bei solchen äusseren Ohrenentzündungen der Fall ist.

Andere Verhältnisse kommen in Betracht, wenn es sich um Ernährungsstörungen in der Tiefe, um entzündliche Vorgänge in der Paukenhöhle und im benachbarten Knochen handelt. Wir werden später sehen, dass diese Theile ihre Ernährungszufuhr von sehr verschiedenen Richtungen erhalten, theils von der Art. tympanica, welche durch die Glaser'sche Spalte, also vor dem Kiefergelenk in die Paukenhöhle eintritt, theils von der Stylomastoidea, welche unter der Ohröffnung in den Canalis Fallopii sich begibt, schliesslich aber wird der Zitzenfortsatz von einer grossen Menge Kanälen durchbohrt (Vasa emissaria Santorini), welche die Ernährung des anliegenden Knochens besorgen. Bei den letzterwähnten tieferen Affectionen können und müssen daher die Blutentleerungen an verschiedenen Stellen vorgenommen werden und eignet sich für Blutentziehungen im raschen Strom besonders das Ansetzen Heurteloup'scher künstlicher Blutegel auf den Warzenfortsatz.

Ich kann nicht umhin, einige Verhaltungsmassregeln beizufügen, ohne deren Beachtung man nicht zum richtigen Urtheile kommen kann über den Nutzen der empfohlenen Blutentleerungen bei Entzündungen des Gehörganges und des Trommelfells. Einmal halte man eine genaue Bezeichnung der Stellen vor und an der Ohröffnung, wo der Chirurg die Blutegel anzusetzen hat, mit Tinte für nicht zu unbedeutend, sonst wird man häufig am nächsten Tage die Blutegelstiche weit entfernt vom richtigen Orte finden. Man lasse den Gehörgang mit Baumwolle verstopfen, sonst kann sich ein Blutegel in denselben verirren oder wenigstens Blut hineinlaufen, wodurch der Zustand sicher sich verschlimmert. Die Nachblutung an diesen Stellen wird oft von unerwünschter Dauer und Stärke, man mache die Leute daher aufmerksam auf die Mittel zur Blutstillung. Man versäume endlich nie in Fällen, wo Otorrhö vorhanden, die Blutegelbisse bis zu ihrer Heilung mit Pflaster zu bedecken, indem aus Verunreinigung solcher Wunden Gesichts-Erysipele entstehen können. Ich gebe diese dem Nichtpraktiker wahrscheinlich sehr unbedeutend scheinenden Winke, weil ich selbst die Nachtheile sämmtlich erfahren habe, welche aus ihrer Nichtbeachtung entspringen können.

Hier muss noch erwähnt werden, dass nach *Luschka's* Untersuchungen *) im Schläfenbeine zwischen dem äusseren Gehörgange und dem Kiefergelenk manchmal

---

*) S. *Luschka*, „Das Foramen jugulare spurium und der Sulcus petroso-squamo-sus des Menschen". Zeitschr. f. rat. Medicin 1859 S. 72.

eine mehr oder weniger beträchtliche Venenöffnung sich findet (Foramen jugulare spurium), ein Ueberbleibsel jenes grossen Venenstammes, welcher im früheren Fötalleben hier aus der Schädelhöhle austritt und den Hauptabfluss des venösen Blutes aus derselben vermittelt.

§. 20.

Wie die Cutis des Trommelfells der gefässreichste Theil der Membran, so verlaufen in ihr auch hauptsächlich oder fast allein die Nerven und zwar verbreitet sich in ihr ein verhältnissmässig sehr bedeutender Ast, welcher, wie die Hauptgefässe von der oberen Wand des Gehörganges längs des Hammergriffes herabsteigt und ganz oberflächlich liegt. Derselbe stammt aus dem N. temporalis superficialis s. auriculo-temporalis, einem sensiblen Zweige des dritten Quintusastes, und vermittelt die sehr bedeutende Empfindlichkeit der äusseren Trommelfell-Oberfläche. In der Fibrosa so wenig wie in der Mucosa des Trommelfells konnte ich je Nervenfäden auffinden. *Gerlach* beobachtete in letzterer einigemal feine marklose Nervenfasern. Jedenfalls ist die Schleimhautplatte sehr nervenarm, wie die Cutisschichte sehr nervenreich und sehr empfindlich ist; es stimmt dies auch mit der praktischen Erfahrung, dass Oberflächen-Entzündungen des Trommelfells stets sehr schmerzhaft sind, dagegen an der Schleimhautplatte die bedeutendsten Veränderungen stattfinden können, ohne dass der Patient je Ohrenschmerzen zu klagen hätte.

Die häufigen Sympathien zwischen Ohren- und Zahnschmerz, welche man in der That manchmal nicht von einander zu unterscheiden vermag, erklären sich nach meiner Meinung am besten durch die nahe Beziehung zwischen dem Auriculo-temporalis, welcher Gehörgang und Trommelfell versieht, und dem Mandibularis, welcher einen Zweig zu den Zähnen des Unterkiefers schickt. Beide liegen dicht neben einander und gehen gemeinschaftlich vom Stamme des dritten Quintusastes ab. Auf diese Weise mag sich auch die schmerzstillende Wirkung der bei Zahnweh vielgerühmten Einträufelungen von Eau de Cologne u. dgl. in den Gehörgang deuten lassen, welche indessen — nebenbei bemerkt — nicht selten Veranlassung zu Furunkeln in demselben geben. Schmerzen im Ohre neben solchen in der oberen Zahnreihe mögen am öftesten auf gleichzeitigem Catarrh in der Paukenhöhle und im Antrum Highmori beruhen, wo bekanntlich die Zahnnerven unter der bei jedem Schnupfen theilnehmenden Schleimhaut verlaufen.

Auffallend empfindlich ist das Trommelfell gegen Kälte. Einspritzungen oder Eingiessen einer kalten Flüssigkeit in's Ohr bringt

häufig Schwindel und Ohnmachtsgefühl hervor, während Füllen des
Gehörganges mit lauwarmen Wassers eines der wirksamsten Mittel
gegen Ohrenschmerzen und dem in praxi üblichem Eingiessen von
warmen Oelen schon aus Gründen der Reinlichkeit vorzuziehen ist.
Alle in den Gehörgang einzuschüttenden und einzuspritzenden Flüssigkeiten müssen vorher erwärmt werden, und da auffallend viele Trom-
melfell-Entzündungen nach Fluss- oder Seebädern zur Beobachtung
kommen, so wäre Jedermann zu rathen, während derselben, namentlich bei kühlerer Temperatur, das Ohr vor dem Eindringen von
Wasser mit Baumwolle zu verwahren. Berührung des Trommelfells
mit einem feinen Gegenstande z. B. einem Pinsel bringt ein starkes
Rauschen hervor.

Die Chorda tympani, welche an der Innenseite des Trommelfells
sich hinzieht, scheint durchaus keine Fäden an dasselbe abzugeben.

II. Mittleres Ohr.

§. 21.

a. Die Paukenhöhle.

Nach Allem, was wir bisher wissen, beruht der bei weitem
grösste Theil der Schwerhörigkeiten auf pathologischen Vorgängen
in der Auskleidung dieser Cavität, daher wir dieselbe um so gründ-
licher kennen müssen. Am leichtesten werden wir uns hier orientiren,
wenn wir der Reihe nach die verschiedenen Wände betrachten, und
an deren Merkwürdigkeiten unsere praktischen Bemerkungen anknüpfen.

Von den sechs Wänden dieses unregelmässigen Würfels haben
wir die äussere Wand schon grösstentheils kennen gelernt. Sie
wird im Wesentlichen vom Trommelfell gebildet mit seinen beiden
Taschen und von den beiden Gehörknöchelchen, dem Hammer und
dem Ambos. Der lange Schenkel des Ambosses liegt parallel mit dem
Hammergriff, geht aber nicht so weit nach unten. Dass der Ambos,
wenn in situ, den Anblick der hinteren Tasche grösstentheils ver-
birgt und desshalb wohl den Anatomen bisher dieses Gebilde entgangen ist, haben wir schon gesehen. Die Entfernung des Ambosschenkels von dem Blatte der hinteren Tasche beträgt 1—1¼ Mm.,

daher Verlöthungen dieser Theile nicht selten vorkommen und unter Umständen aus sichtbaren Veränderungen am hinteren oberen Abschnitte des Trommelfells am Lebenden diagnosticirt werden können.

Beim Fötus und beim Neugeborenen findet sich eine meist gefässhaltige Schleimhautfalte der ganzen Länge nach zwischen Ambosschenkel und Hammergriff ausgespannt, welche Verbindung dieser beiden Theile, wenn beim Erwachsenen vorkommend, wohl immer als pathologisch aufgefasst werden muss, wobei es indessen möglich wäre, dass dieser fötale Zustand sich zuweilen mangelhaft oder gar nicht zurückbildet.

Ausser den beiden Taschen und dem Ansatze des Trommelfellspanners am Hammer ist an der äusseren Paukenhöhlenwand noch die Chorda tympani des Facialis zu bemerken (siehe Fig. II.), welche dicht neben dem Ursprunge der hinteren Tasche den Knochen verlässt, zuerst am freien Rande derselben unter dem langen Ambosschenkel verläuft, dann den Hammerhals kreuzt dicht über dem Ansatze der Sehne des M. tensor tympani und die vordere Tasche theilweise mitbilden helfend durch die Glaser'sche Spalte die Paukenhöhle verlässt. Die Chorda tympani stellt einen ziemlich beträchtlichen c. ¼ Mm. dicken, weissen Strang vor, fällt somit dem freien Auge bereits stark auf.

Was die Sehne des Trommelfellspanners betrifft, so inserirt sich der wesentlichste, der eigentlich sehnige Theil am Hammerhalse dicht unter der Chorda Tympani, ein zarterer Theil zieht sich dann bogenförmig nach oben und vorn längs des freien Randes der vorderen Tasche. Der Muskel selbst in seinem knöchernen Halbcanal ist von einer ziemlich reichlichen Bindegewebshülle umgeben, welche sich beim Abgang der Sehne um diese herumlegt und dieselbe wie eine Sehnenscheide quer über die Paukenhöhle begleitet. Zieht man am Muskel, so bewegt sich ausser dem Trommelfelle selbst hauptsächlich der mittlere Theil des über die Paukenhöble sich erstreckenden Sehnenstranges und sieht man auch bei schwacher Vergrösserung an einem Querschnitte desselben, dass die dichtere centrale Sehnenmasse von einem mehr lockeren Bindegewebe umgeben ist, welche beide Bestandtheile ringsum durch eine scharfe Kreislinie von einander abgegränzt sind.

Ober dem Hammerkopfe finden sich häufig lufthältige Knochenzellen (siehe Fig. I.), welche namentlich bei jugendlichen Individuen sich noch eine Strecke weit über das Trommelfell nach aussen fortsetzen, somit unmittelbar über der oberen Wand des knöchernen Gehörgangs liegen. Da bei entzündlichen und eiterigen Processen der Trommelhöhle gewöhnlich alle an sie angrenzenden und mit ihr communizirenden Hohlräume Theil nehmen, so ist hier ein Weg gegeben, auf welchem Affectionen des Mittelohres auch ohne

Verletzung des Trommelfells auf den äusseren Gehörgang einwirken resp. auf ihn sich fortpflanzen können. Ich beobachtete in der That auch schon mehrmals bei eiterigen Catarrhen des Mittelohres Ansammlungen von Eiter unter der Haut der oberen Wand des knöchernen Gehörganges, welche durchaus den Charakter von secundären Abscessen ("Senkungsabscessen") hatten; die Haut ragte dabei in grösserer Ausdehnung und flach, nicht an Einem Punkte sich zuspitzend, in den Gehörgang hinein. In einem Falle, wo ich einen Einschnitt machte, entleerten sich in ziemlicher Menge eiterig-schleimige Flocken, wie man sie gewöhnlich nur als Absonderungsproduct der Paukenhöhlenschleimhaut zu sehen bekömmt, und trat unmittelbar nachher eine so bedeutende Hörverbesserung ein, dass ich um so mehr glauben muss, es handelte sich hier um Eiter aus der Paukenhöhle, welcher auf diesem Wege nach aussen gelangte.

An der hinteren Wand der Paukenhöhle befindet sich die häufig abgetheilte Oeffnung, welche zu den Zellen des Warzenfortsatzes resp. zu lufthältigen Knochenräumen führt, welche mit dem Processus mastoideus in mehr oder weniger deutlicher Verbindung stehen. Unter dieser Communicationsöffnung sehen wir eine kleine spitze Knochenpyramide (Eminentia papillaris s. pyramidalis), in welcher der Musculus stapedius eingeschlossen ist, der kleinste Muskel des menschlichen Körpers. Dicht hinter ihm, manchmal nicht einmal durch eine feine Knochenlamelle getrennt, verläuft der Facialis, welcher somit auch an der hinteren Wand der Paukenhöhle der Oberfläche sehr nahe liegt. Der hinteren Wand zunächst und von ihr nur durch eine grösstentheils diploëtische Knochenschichte getrennt, liegt der Sinus transversus der Dura mater, dessen Theilnahme an entzündlichen Ohraffectionen dieselben bekanntlich häufig einen lethalen Ausgang nehmen lässt, worauf in neuerer Zeit namentlich die Aufmerksamkeit gelenkt zu haben, das grosse Verdienst *Lebert*'s ist.

Die untere Wand oder der Boden der Paukenhöhle ist sehr verschieden dick, oft mit fächerigen Unebenheiten und zelligen Einsenkungen versehen und wird nicht immer von denselben Theilen der Felsenbein-Pyramide gebildet. Häufig ist er durchscheinend dünn und bildet der Boden der Paukenhöhle dann zugleich die Decke der Grube für den Bulbus der Vena jugularis interna. Auf das nahe Verhältniss dieses Gefässes zum mittleren Ohre finde ich bisher, ausser von *Toynbee*, noch gar nicht aufmerksam gemacht und doch verdient es im höchsten Grade die Beachtung des Praktikers wie des Anatomen. Kein Theil der Cavitas tympani ist nach einfach physikalischen Ge-

48

setzen dem Einfluss des in derselben sich ansammelnden und zer-
setzenden Secretes so ausgesetzt, wie ihr Boden und wird eine
Anhäufung und Stagnation von Secret dort um so leichter stattfinden, als die beiden Auswege, durch welche dasselbe sich allenfalls
entfernen könnte, die Einmündung der Tuba und die Oeffnung in die
Zitzenzellen, höher liegen. Eiter, welcher sich zersetzt, wird nothwendig als reizende Schädlichkeit auf die davon berührte Schleimhaut und später auf den darunter liegenden Knochen einwirken, beide
in entzündliche Erweichung, schliesslich Ulzeration versetzen. Wir
werden somit Caries der Paukenhöhle am häufigsten an ihrem Boden
finden. Cariöse Anätzung des Knochens in der Nähe einer Vene,
wie die Jugularis interna kann nicht gleichgültig sein, um so mehr,
als das trennende Knochenblättchen sehr dünn und noch dazu
von einem feinen Kanälchen für den N. tympanicus (sive Jacobsonii
des Glossopharyngeus) und für ein kleines Gefässchen durchbohrt
wird. Aber noch mehr; wie *Toynbee* in seinem Catalogue*) p. 44
und 45 zeigt, kommen in der unteren Wand sogar manchmal normaler
Weise, wenn man so sagen will, Lücken vor, so dass die Schleimhaut der Paukenhöhle direct mit der Gefässwand der Jugularis in
Berührung steht, und der Fortleitung entzündlicher Processe von dem
einen auf den anderen Theile gar kein Hinderniss entgegen tritt.
Man kann mit Bestimmtheit sagen, dass man an diesem Orte nicht
so selten den Ausgangspunkt einer Thrombose, einer allgemeinen
Pyämie oder selbst einer Ohrblutung zu suchen haben wird; und
wenn man bisher mit den wenigen sogleich anzuführenden Ausnahmen
noch nichts von Veränderungen in dieser Gegend beobachtet und verzeichnet findet, so liegt dies sicherlich weniger in ihrem seltenen
Vorkommen, als in dem Umstande, dass das Anfangsgebiet der Jugularis
interna, insbesondere ihre unter dem Boden der Paukenhöhle liegende
Anschwellung, wie die untere Fläche des Felsenbeins in der Regel
bei den Sectionen nicht in das Bereich der Beachtung und Untersuchung fällt. Es können somit in dieser Gegend sehr wesentliche
Abnormitäten vorkommen, welche vielleicht den tödtlichen Ausgang
der Otitis begründeten, ohne bemerkt und notirt zu werden. Dass
es sich hier nicht um aprioristische Voraussetzungen handelt, sondern
man wirklich findet, wenn man nur sucht, beweist wiederum *Toynbee*,
in dessen Catalogue mehrere Fälle (803. 807. 812. 813. und 835.)
aufgeführt sind, wo eine Affection des Ohres durch Caries des Bodens

---

*) A descriptive catalogue of Preparations illustrative of Diseases of the Ear, in
the Museum of *Joseph Toynbee*. London 1857.

der Paukenhöhle Einfluss gewann auf die Vena jugularis interna.
In einem Falle (812) scheint es sich um eine Ohrblutung durch Anätzung dieses Gefässes gehandelt zu haben. Ausserdem beschrieb
ich einen Fall von Caries der Paukenhöhle, wo der Canaliculus tympanicus so bedeutend erweitert war, dass man eine gewöhnliche Sonde
durchschieben konnte. (Virchow's Archiv XVII. B. S. 63 und 65.)

§. 22.

Das vordere Ende der Paukenhöhle (von einer vorderen
Wand kann man eigentlich nicht sprechen) verengert sich zur Einmündung der Eustachischen Ohrtrompete, mit welcher zugleich der
Musculus tensor tympani, der Trommelfellspanner, in die Paukenhöhle eintritt. Eigenthümlich ist, dass dieser Muskel ebenso wie der
Stapedius, sein Partner, in einen Knochenkanal eingeschlossen ist
und nur ihre Sehnen frei in der Paukenhöhle verlaufen.

Nach vorn und aussen, dicht am vorderen Rande des Trommelfells, liegt die *Fissura Glaseri*, welche Knochenspalte, eine Erinnerung
an die ursprüngliche Zusammensetzung des Schläfenbeines aus mehreren
selbstständigen Knochen, den Uebergang einer Ohraffection auf das
Kiefergelenk und die Substanz der Ohrspeicheldrüse wie vice versa
vermitteln kann. Bei Kindern, wo noch eine umfangreiche nur von
Weichtheilen geschlossene Lücke vorhanden, wird dies um so leichter
sich ereignen können. Die nicht seltene Complikation von Paroti-
tis und Ohren-Entzündung bei Typhus und acuten Exanthemen,
mag indessen häufiger auf einen Mundhöhlencatarrh zu beziehen sein,
welcher sich nach beiden Richtungen, durch die Tuba Eustachii und den
Ductus Stenonianus, auf Mittelohr und Speicheldrüse fortgesetzt hat *).

Wenn die in der Substanz der Parotis gelegenen Lymphdrüsen,
die Glandulae lymphaticae auriculares anteriores, durch Anschwellung
zunehmen, bilden sie manchmal den Ausgangspunkt verschiedenartiger
Geschwülste, welche man oft für solche der Parotis selbst gehalten hat.
Wir finden daher nicht selten bei entzündlichen Ohrenaffectionen
Schmerzhaftigkeit in der Regio parotidea, welche weniger auf die Ohrspeicheldrüse selbst als auf sympathische Entzündung dieser Lymphdrüsen zu beziehen ist.

Der oberste Theil der knöchernen Tuba, den man eigentlich
noch zur Paukenhöhle rechnen kann, gränzt nach innen an den Canalis

---

*) Siehe *Virchow* „die acute Entzündung der Ohrspeicheldrüse". Charité-Annalen
1858 3. Heft S. 1—23.

caroticus und ist von der *Carotis interna* nur durch ein ganz dünnes, häufig sogar defectes Knochenblättchen getrennt, welches zugleich die innere Wand der Tuba und die äussere des carotischen Kanales bildet. (Siehe Fig. III.) Die unmittelbare Nähe der grossen Arterie, welche durch diese zarte Lamelle einige kleine Aestchen an das mittlere Ohr abgibt, wie auch einige feine Nerven durch dieselbe hindurchgehen, kann bei Caries des Felsenbeines von sehr grosser Bedeutung werden, indem der obere Theil der knöchernen Tuba an allen Erkrankungen der Trommelhöhle selbst Theil nimmt und seine Schleimhaut bei allen Entzündungen des Mittelohres geschwellt, hyperämisch und mit Secret bedeckt sich zeigt. Es erstreckt sich daher nicht selten die Caries auch auf diese Theile. Mehr oder minder bedeutende B l u t u n g e n a u s d e m O h r e sind bei Caries gar nicht selten, und mögen diese öfter hier ihren Ursprung nehmen. Einen Fall von wiederholter starker arterieller Blutung aus dem Ohre bei chronischer Otorrhoe, welche sich als durch Anätzung der Carotis interna hervorgerufen erwiess, theilte in neuerer Zeit *Marc Sée* nebst Sectionsbefund mit in den Bulletins de la Société anatomique de Paris (1858. p. 6). Solche Blutungen müssen schon öfter beobachtet worden sein, wenigstens berichtet *Henderson Hardie* bereits 1833 zwei Fälle, in welchen *Syme* wegen lebensgefährlicher Blutung aus dem Ohre die Carotis unterband*). In dem einen Falle, wo ein Knabe im Verlaufe einer starken Halsentzündung (sore throat) Eiter und dann Blut aus Mund und Ohr verlor, hörte die Blutung nach der Operation auf und der Knabe blieb erhalten. Im anderen war der Ausgang weniger günstig. Ein 11jähriger Knabe bekam im Verlaufe von Scharlachfieber eiterige Otitis, und plötzlich eine bedeutende Blutung aus dem rechten Ohre. Da dieselbe in den nächsten 6 Tagen sich fortwährend wiederholte, so unterband *Syme* wiederum die Carotis. Es erfolgten nur noch unbedeutende Blutverluste, aber zwei Tage nachher starb der Kranke unter Hirn-Erscheinungen. Es fand sich eine kleine Oeffnung zwischen der hinteren Wand der Paukenhöhle und dem Ende des Sinus transversus, von welchem also, nicht von der Carotis, die Blutung ausgegangen war. Eine bedeutende mehrmals sich wiederholende Blutung aus dieser letzteren Quelle, dem Sinus transversus, beobachtete ich ebenfalls einmal in einem Falle von

---

*) Cases of the Medical Practice of Professor *Syme*, reported by *J. Henderson Hardie* (Edinb. Med. and Surg. Journ. Vol. XXXIX), mitgetheilt von *Wharton Jones* in seinem Artikel „Ear and Hearing, Diseases of" im 9. Bande der Cyclopaedia of Practical Surgery (London 1847.

acuter Otitis interna, welche rasch zu Erweichung und Ulzeration des Knochens, namentlich hinter der Paukenhöhle geführt und unter pyämischen Erscheinungen tödtlich endete. Dass Ohrblutungen auch aus der Vena jugularis interna eintreten können, wurde schon erwähnt; eine weitere Quelle bedenklicher Blutungen könnte noch die Meningea media werden, wenn das Dach der Paukenhöhle cariös ergriffen ist. Beobachtungen dieser Art liegen meines Wissens noch nicht vor. Kleinere Blutungen aus dem Ohre kommen vor bei Personen, welche hohe Berge ersteigen, Taucher von Profession sollen nach *Wilde* ebenfalls daran leiden; derselbe berichtet ferner, dass Blutungen aus den Ohren, ebenso wie aus der Nase, dem Munde, den Augen und den Genitalien bei Hinrichtungen mit dem Strange gewöhnlich vorkommen, aber nicht immer bei Selbstmord dieser Art. In letzteren Fällen soll das Trommelfell immer zerrissen sein, wie auch bei Artilleristen Einrisse dieser Membran mit schwachen Blutungen durchaus nicht selten sind. Die häufigste Quelle schliesslich von Ohrblutungen neben Otorrhoe sind polypöse Wucherungen im äusseren oder mittleren Ohre.

Rektorzik beschrieb in den Sitzungsberichten der Wiener Akademie (XXXII. Bd. 1858. N. 23 S. 466) einen Venensinus, welcher die Carotis in ihrem Knochenkanale umgibt und den grössten Theil seines Blutes aus dem Sinus cavernosus bezieht, mit welchem er in directem Zusammenhange steht. Ausserdem münden einige Knochenvenen des Felsenbeines in ihn ein. Die aus ihm sich bildenden Venen gehen unmittelbar in die V. jugularis interna über.

§. 23.

Die obere Wand oder das Dach der Paukenhöhle ist an der oberen Fläche von der Dura mater überzogen und bildet somit die Scheidewand zwischen Mittelohr und Gehirnhöhle. Das Tegmen tympani finden wir nach den bisherigen Beobachtungen von Caries des Felsenbeines am häufigsten als erweicht, cariös oder durchbrochen angegeben und wurde hier bis jetzt am öftesten der unzweideutige Zusammenhang zwischen der Ohrenaffection und dem consecutiven Gehirnleiden nachgewiesen, welch letzteres sich entweder als Meningitis darstellt oder als Encephalitis, diese meist mit Abszessbildung in der Gehirnsubstanz, aber häufig so, dass zwischen dem Abszess und dem Ausgangspunkte der Erkrankung, dem Felsenbeine, noch eine relativ gesunde Hirnschichte dazwischenliegt. Bei dieser anerkannt sehr grossen praktischen Bedeutung der Paukenhöhlendecke sind manche Abnormitäten derselben doppelt bemerkenswerth, auf

welche namentlich *Hyrtl**) in neuerer Zeit die Aufmerksamkeit gelenkt
hat. Das Tegmen tympani ist nämlich von sehr verschiedener Dicke,
erweist sich häufig als nicht compakt, sondern aus kleineren oder
grösseren Zellen zusammengesetzt, ist oft bis zur Durchscheinendheit
verdünnt, ja selbst defect, und zeigt dann Lücken, welche mit den
durch Caries hervorgebrachten Substanzverlusten leicht verwechselt
werden könnten. Wegen der Nähe der Dura mater können diese
Abnormitäten eine grosse Wichtigkeit für die Gesundheit und das
Leben eines Individuums gewinnen, welches an Entzündung oder
Eiterung in der Paukenhöhle leidet und würden in den nicht seltenen
Fällen von partiellem Schwund des knöchernen Daches die Schleimhaut des Mittelohres und die harte Hirnhaut ohne alle Zwischen-
substanz an einander gränzen, dem Uebergang einer Entzündung von
dem einen Theil zum anderen also gar kein Hinderniss im Wege
stehen. Aber auch durch ein anderweitiges anatomisches Factum
lässt es sich erklären, warum gerade das Tegmen tympani so häufig
die wichtige Rolle der Weiterleitung von Ohrenentzündung auf die
Schädelhöhle übernimmt. Hier liegt nämlich die F i s s u r a p e t r o s o-
s q u a m o s a, die Gränzlinie von Schuppe und Pyramide, durch welche
beim Kinde die Dura mater einen gefässhaltigen Fortsatz in die
Trommelhöhle schickt, und längs welcher auch beim Erwachsenen
eine Reihe feiner Gefässe, Aeste der Art. meningea media, aus der
harten Hirnhaut in's mittlere Ohr und an deren Schleimhaut übergehen **). Am stärksten entwickelt findet sich natürlich diese Nath
und der durch sie vermittelte Zusammenhang beim Kinde, indessen
ist sie stets auch beim ausgebildeten Individuum mehr oder weniger
angedeutet, manchmal selbst im höheren Alter noch sehr sichtbar
vorhanden. Aus dieser Gefässgemeinschaft der Dura mater und der
Paukenhöhle erklärt es sich, warum bei Hyperämien des Mittelohres
auch die Gefässe des über ihm liegenden Abschnittes der Hirnhaut
sich sehr häufig an der Leiche stark entwickelt und gefüllt zeigen
und mag es auf diese Verhältnisse wohl zum guten Theile zu beziehen sein, wenn bei entzündlichen und eiterigen Zuständen der
Trommelhöhle, so bei chronischer Otorrhoe und vorzugsweise beim
einfachen akuten Catarrh so oft Schwindelzufälle und andere Symptome
zur Beobachtung kommen, welche wir bisher gewohnt sind, weniger
als Erscheinungen von Ohrenaffectionen als von Gehirnerkrankungen

---

*) „Spontane Dehiscenz des Tegmen tympani und der Cellulae mastoideae".

**) Ausführliche Angaben über diese sehr wichtigen Gefässe gibt *Hyrtl* in seinen
„Mittheilungen aus dem Sezirsaale". Oesterr. Zeitschrift f. prakt. Heilkunde. 1859. N. 9.

aufzufassen, die sich aber schon dadurch entschieden als Folgen des Ohrenleidens erweisen, dass sie sehr häufig unter einer passenden rein örtlichen Behandlung der letzteren abnehmen oder ganz verschwinden.

Zu dem von *Hyrtl* Mitgetheilten über die Substanzlücken im Tegmen tympani siehe noch die Angaben *Toynbee's* p. 42—44 in seinem mehrerwähnten Catalogue, wo eine Reihe solcher Befunde aufgeführt werden. Ebenso hat *Andreas Retzius* in neuerer Zeit auf diese Vorkommnisse hingewiesen (siehe die *Schmidt'*schen Jahrbücher 1859 N. 11 S. 153). Uebrigens kann man in jeder anatomischen Sammlung unter den zur Demonstration vorräthigen Schläfenbeinen derartige Specimina von Rarefication der oberen Wand finden. *Luschka* *) vergleicht diese Veränderungen und Durchbrüche am Felsenbeine mit den Foveae glandulares des Schädeldaches, welche anerkanntermassen durch die Paccbionischen Granulationen hervorgebracht sind, und spricht sich dahin aus, dass diese zottenartigen Vegetationen der Arachnoidea auch am Tegmen tympani durch Druck solche rarefizirende Wirkungen hervorbringen.

§. 24.

Wohl die allergrösste Bedeutung unter allen Wänden der Paukenhöhle besitzt d i e i n n e r e, dem Trommelfell gegenüberliegende, welche wegen ihrer Beziehung zum inneren Ohre oder Labyrinth d i e L a b y r i n t h w a n d genannt werden mag. Sie bildet die Gränze zwischen mittlerem und innerem Ohre und liegen die wesentlichsten, den letzteren Abschnitt zusammensetzenden Theile dicht hinter ihr. In der Labyrinthwand der Paukenhöhle befinden sich daher auch die beiden Oeffnungen, welche die Verbindung vermitteln zwischen den bisher betrachteten schallzuleitenden Organen und dem schallaufnehmenden oder nervösen Apparate, nämlich das ovale und das runde Fenster, von denen das erstere zum Vorhof, das zweite zur Schnecke führt. (Fig. III. gibt eine Flächenansicht der Labyrinthwand mit den daran stossenden Theilen.)

Was zuerst das o v a l e F e n s t e r oder das V o r h o f f e n s t e r betrifft, so darf man sich dasselbe nicht, wie das gewöhnlich zu geschehen scheint, als ein einfaches Fenster, als ein Loch in der Wand vorstellen, sondern dasselbe hat auch eine gewisse Tiefendimension, es hat eine Fensternische, — wenn ich mich so ausdrücken darf — welche gegen die Paukenhöhle zu offen und deren Grund erst von der Membran überzogen ist. Ebenso besitzt der Fusstritt des Steigbügels nicht blos einen Flächen- sondern auch einen Tiefendurch-

---

*) „Die Foveae glandulares und die Arachnoidealzotten der mittleren Schädelgrube." *Virchow's* Archiv Bd. XVIII. (1860) S. 166.

messer. Die Oeffnung selbst wird geschlossen durch das Periost des Vorhofes, welches dieselbe überzieht und so die Membran des ovalen Fensters bildet. Mit ihr ist der Fusstritt des Steigbügels verwachsen; da derselbe jedoch an Umfang etwas kleiner ist, als die Membran des Fensters, so bleibt die äusserste Peripherie derselben als ein feiner schmaler membranöser Ring frei, ist nicht von dem Fusstritte verdeckt. Diesen ganz kleinen membranösen Ring um den Fusstritt herum bekömmt man am besten zur Ansicht, wenn man den Vorhof aufbricht und nun die Labyrinthwand der Paukenhöhle (nach Entfernung der äusseren Wand oder des Trommelfells) mit dem Steigbügel in situ gegen das Licht hält.

Gegenüber den bisherigen anatomischen Anschauungen beschrieb *Toynbee* ein vollständiges Gelenk zwischen Steigbügel und ovalem Fenster, („stapedio - vestibular articulation") mit allen Eigenschaften eines solchen, Knorpelüberzug, Gelenkbänder und Gelenkschmiere. *Voltolini* weist in neuester Zeit nach, dass von Alledem nichts vorhanden und es sich hier um kein Gelenk handeln könne *). Wo kein Gelenk, gibt es auch keine eigentliche Anchylosis, und es kann somit nur von einer Unbeweglichkeit des Steigbügels, bedingt durch straffe Pseudomembranen, welche ihn an die angränzende Wand befestigen, oder von einer Verdichtung und Verkalkung der Membran des ovalen Fensters die Rede sein, wie wir eine solche auch bei der Membran des runden Fensters kennen.

Eine genaue Beschreibung dieses seinen Gelenkes gibt *Toynbee* in der Med. Times and Gazette vom 20. Juni 1857. Er sagt daselbst: „In einem frischen Gehörorgan ist der Umfang des Fusstrittes glatt und bedeckt mit einer feinen Schichte von Knorpel. Er findet sich am reichlichsten an den zwei Enden, von denen, namentlich bei jüngeren Individuen, genug für die mikroskopische Untersuchung entfernt werden kann. Er besteht aus ovalen Körperchen, ähnlich denen in gewöhnlichen Gelenkknorpeln, nur bedeutend schmäler". „Die Gelenkfläche der Fenestra ovalis ist glatt, sieht sehr dicht aus und hat keinen Knorpel." Eigentlich spricht *Toynbee* schon durch diese Beschreibung selbst aus, dass es sich hier um kein „Gelenk" im genauen Sinne des Wortes handelt, indem ja zu einem solchen nothwendig die beiden gegenüber liegenden Flächen mit Knorpel überzogen sein müssten. Auch erwähnt er mehrmals, dass der Umfang des ovalen Fensters grösser ist, als der des Fusstrittes, wodurch wiederum die innige Berührung der Flächen, wie sie in einem Gelenk stattfinden muss, ausgeschlossen ist. Von einer Gelenkkapsel wird nichts gesagt. Dagegen sprach *Sam. Thom. Sömmering* von einer Gelenkkapsel, welche den Steigbügeltritt und das ovale Fenster verbinden soll. (De corporis humani

---

*) Ueber „*Toynbee's* Gelenk der Basis des Steigbügels im ovalen Fenster". Deutsche Klinik 1860. N. 6. S. 58.

fabrica. T. II. p. 10.) Neuere deutsche Anatomen nehmen weder eine Knorpel-
lage am Fusstritt noch eine Gelenkkapsel an.

Unter dem ovalen Fenster mit dem Steigbügel liegt das runde
oder Schneckenfenster. Dasselbe besitzt in ähnlicher Weise,
wie das Vorhoffenster eine Nische, einen c. 1 Mm. langen Knochenkanal, an dessen Ende erst seine Membran, das sogenannte zweite
Trommelfell, Membrana tympani secundaria, gelegen ist. Dieser
Kanal geht schief von hinten nach vorn und liegt somit die Membran
des runden Fensters nicht parallel mit dem Trommelfell, und weil
am Ende dieser nach hinten zu offenen Vertiefung gelegen, ist sie
zu Lebzeiten von aussen nicht sichtbar, auch wenn das ganze Trommelfell zu Verlust gegangen wäre. Die Membran des runden Fensters wie
der zu ihr führende Kanal ist mit der alle Gebilde der Paukenhöhle
auskleidenden Schleimhaut überzogen, welche, wenn sie sich beim
Catarrh des Mittelohres verdickt, leicht bei der Enge der Vertiefung
einen den Zugang zur Membran obturirenden Pfropf bilden kann.
Manchmal findet sich auch eine Pseudomembran über den Eingang
zum Schneckenfenster hinübergespannt oder die Membrana tympani
secundaria ist selbst in verschiedenem Grade verdickt. Es ist klar,
dass jede Veränderung, welche die Elastizität dieses zarten Gebildes
vermindert oder aufhebt, schon dadurch einen äusserst störenden
Einfluss auf das Gehör des Individuums ausüben muss, weil damit
auch die Bewegung des Steigbügels und seiner Membran, und jede
Oszillation der zwischen beiden befindlichen Flüssigkeitssäule, des
Labyrinthwassers, beschränkt oder vernichtet ist. Abnorme Zustände
am runden Fenster und seiner Membran scheinen aber beim Catarrh
der Paukenhöhle ungemein häufig vorzukommen. Ich selbst beschrieb
solche verschiedenartige Processe an diesen Theilen a. a. O. unter
Section VII, VIII, XI und XII und habe seitdem noch weitere dieser
Art, u. A. einmal eine gänzliche Verkalkung der Membr. tympani
secundaria an einer fast vollständig tauben Person beobachtet. Ferner
berichtet *Toynbee* von ähnlichen Befunden in seinem Catalogue p. 77—79.

Voltolini führt in *Virchow*'s Archiv Bd. XVIII. S. 49 eine Beobachtung an,
wo ausnahmsweise der zur Membran des runden Fensters führende Kanal nicht
schief, sondern mehr gerade verlief, somit die Membrana tymp. secundaria
nach Hinwegnahme des Trommelfells vom äusseren Gehörgange aus sichtbar
war. Es wäre dies beim Erwachsenen jedenfalls eine sehr bemerkenswerthe
Abweichung von der Regel und erinnert diese mit dem Trommelfell parallele
Lage der Membran des runden Fensters an die Verhältnisse beim menschlichen Foetus uvd bei manchen Thieren.

Nach vorn von diesen beiden Fenstern und mehr dem Trommelfell gerade gegenüber finden wir das Promontorium (i) oder Vor-

gebirge, jenen breiten in die Paukenhöhle sich etwas vorwölbenden Wulst, hinter welchem der äusserste Abschnitt der Schnecke gelegen. An ihm geht eine sich verzweigende Knochenfurche in die Höhe, in welcher unter der Mucosa der Nervus tympanicus des Glossopharyngeus und mehrere Gefässe verlaufen. Dieser Sulcus tympanicus findet sich, wie die übrigen Vertiefungen und Unebenheiten der Paukenhöhle bei verschiedenen Individuen in sehr wechselnder Stärke ausgebildet.

Dicht ober dem ovalen Fenster zieht sich ein länglicher, nur mit einer durchscheinend dünnen, manchmal selbst defecten Knochendecke begleiteter Vorsprung hin, hinter welchem der *Nervus facialis* (g) liegt, welcher von hinten kommend, eine Strecke weit an dem hinteren Theile der Labyrinthwand entlang sich hinzieht, hierauf sein Knie bildet und nahezu im rechten Winkel von seiner bisherigen Richtung abweichend dann gegen den Porus acusticus internus zu verläuft. An der hinteren Wand bereits haben wir den Gesichtsnerven ziemlich nahe der Paukenhöhlenschleimhaut gefunden; hier aber an der Labyrinthwand steht derselbe am innigsten und am längsten in nachbarschaftlicher Beziehung zur Paukenhöhle. Wir können uns aus diesem Verlauf des Facialis erklären, warum nicht bloss bei Caries des Knochens, sondern bereits bei einfachen entzündlichen und hyperämischen Zuständen der Auskleidung der Trommelhöhle Störungen im Gebiete des mimischen Nerven sich einstellen. Denn einmal ist der Facialis während eines Theiles seines Verlaufes um die Paukenhöhle von derselben und ihrer Schleimhaut nur durch eine durchscheinend dünne Knochenschichte getrennt, welche manchmal sogar porös ist oder kleine Defecte zeigt, so dass Neurilema und Schleimhaut dicht an einander gränzen; andererseits verläuft die Arteria stylomastoidea, welche einen grossen Theil der Auskleidung des Mittelohres versorgt, vom Foramen stylomastoideum an gemeinschaftlich mit dem Facialis im fallopischen Canal und gibt daselbst Aestchen an die Umhüllung dieses Nerven, so dass diese beiden Theile unter eine gewisse Ernährungsgemeinschaft gesetzt sind. *Wilde* in Dublin will auffallend häufig an Schwerhörigen Schiefheit des einen Mundwinkels bei bewegterem Gesichtsausdruck und ungleichmässige Entwicklung der beidseitigen Nasolabialfurchen beobachtet haben. Diese Asymetrie findet sich allerdings ungemein oft bei Ohrenkranken neben verschiedener Leistungsfähigkeit des Gehöres auf beiden Seiten, freilich auch häufig genug bei Individuen, von denen uns Letzteres nicht bekannt ist; wobei wir indessen bedenken müssen, wie ungemein häufig einseitige Gehörschwäche vorkommt, ohne dass die damit Behafteten im gewöhnlichen Leben irgendwie am Gehör zu leiden scheinen. Dem sei, wie ihm wolle, gewiss ist, dass bei Paukenhöhlen-Prozessen der Facialis sehr oft in Mitleidenschaft gezogen wird, wenn man genauere Beobachtungen anstellt und sicherlich hängt ein grosser Theil der sogenannten rheumatischen Gesichtslähmungen bei sorgfältigerer Untersuchung mit Ohrenaffectionen zusammen oder geht sogar von ihnen aus, wie dies von mehreren Seiten, z. B. *Deleau,* behauptet wurde.

Wenn im Verlaufe von acuten oder chronischen Ohrenkrankheiten, welche gewöhnlich mit Otorrhoe einhergehen, plötzlich oder nach vorausgehenden Zuckungen in den mimischen Muskeln eine halbseitige Gesichtslähmung eintritt, pflegen viele Aerzte derselben eine sehr fatale prognostische Bedeutung beizulegen, indem sie sie durch eine Fortsetzung der Erkrankung auf das Gehirn oder wenigstens auf die Schädelbasis sich erklären. Es ist dies zu weit gegangen und muss man sich obiger anatomischer Thatsachen erinnern, um sich zu erklären, wie bereits die geringfügigste Entzündung des dem Facialis nahegelegenen Knochens, sowie jede Secretanhäufung oder stärkere Circulationsstörung in der Paukenhöhle Einfluss auf diesen Nerven gewinnen kann.

Auf der anderen Seite darf man ausgesprochene Facialislähmungen im Verlaufe von Otitis wiederum nicht zu leicht nehmen, indem bekanntlich manche eiterige Prozesse unter der Form einer Perineuritis längs des Verlaufes eines Nerven sich fortpflanzen und somit Eiterungen in der Paukenhöhle durch den Canalis Fallopii sich möglicherweise zum Porus acusticus internus und so auf die Dura mater erstrecken könnten, welcher den inneren Gehörgang bereits auskleidet. Ueberhaupt gewinnt die Labyrinthwand der Paukenhöhle eine sehr grosse Bedeutung bei der Betrachtung der verschiedenen Wege, auf welchen Ohrenentzündungen zum Gehirne und dessen Zellen sich weiter verbreiten. Abgesehen von der erwähnten Vermittlung des Canalis Fallopii kann dies noch durch Caries an anderen Stellen der Labyrinthwand und dadurch vermittelten Uebergang des Entzündungsprozesses auf das innere Ohr stattfinden. Entzündliche Erweichung und cariöse Anätzung der inneren Wand der Trommelhöhle zeigt uns die Beobachtung gar nicht selten am Kranken und an der Leiche und wohl jede pathologisch-anatomische Sammlung kann solche Präparate aufweisen. Ein ulzerativer Durchbruch dieses äusserst dünnen Knochens, der noch dazu am meisten äusseren Eingriffen ausgesetzt ist und zwei nur durch zarte Membranen geschlossene Lücken besitzt, hat daher nichts Auffallendes. Wie durch ungeeignetes

Sondiren des Ohres leicht an dieser der Sonde am meisten blosliegenden Parthie ein gewaltsamer Durchbruch entstehen kann, haben
wir schon oben gesehen; dasselbe könnte bei vorgeschrittener Erweichung des Knochens durch zu starkes Einspritzen sich ereignen.
Eine Ulzeration der äusserst zarten Membrana tympani secundaria
iu Folge eiteriger Entzündung ist noch nicht beobachtet, wäre aber
wohl gedenkbar. Dagegen besitze ich ein Präparat, an welchem
rings um den Steigbügel, wo das ovale Fenster nur durch den zarten
membranösen Ring geschlossen ist, eine deutliche Ulzeration statt-
fand und hier wie mittelst einer dicht darüber gelegenen Knochen-
fistel die Communication zwischen Vorhof und Paukenhöhle hergestellt
war. Ferner ragt ein Theil des äusseren oder horizontalen Bogen-
ganges mit einem schwachen Wulst (h. in Fig. III.) am hintersten
Abschnitte der Labyrinthwand in die Paukenhöhle hinein und ist
von deren Schleimhaut nur durch eine zwar sehr harte aber wenig
mächtige Knochenschichte getrennt, so dass durch Caries an dieser
Stelle der membranöse Kanal dem Eiter und der Entzündung blosliegt. Hat aber einmal die Eiterung durch Ueberschreiten einer dieser
Gränzen das innere Ohr, sei es Vorhof, oder Schnecke oder einen
der halbzirkelförmigen Kanäle erreicht, so wird sie sich hier kaum
begränzen, sondern sich durch die siebförmig durchbrochenen Knochenlamelle, welche den Nervenästen des Acusticus den Eintritt in die
Schnecke und in den Vorhof verstatten, den Weg zum Porus acusticus
internus bahnen, wodurch jede Bedingung einer Entzündung der
Meningen selbst gesetzt ist.

In der Literatur liegen eine grosse Reihe von Beobachtungen
vor, in welchen Caries der Paukenhöhle durch den Porus acusticus
internus hindurch auf die Gehirnhäute sich fortpflanzte und auf
diese Weise der tödtliche Ausgang hervorgerufen wurde. Die meisten
derselben geben wegen ungenügender Ausarbeitung des Präparates
keine genaue Vorstellung, auf welchem Wege gerade diese Fortleitung zum inneren Gehörgang stattgefunden hat. Einen höchst
interessanten Fall von Caries des Felsenbeins, der mit' Meningitis
endete, ohne dass das sehr verdickte Tommelfell durchbrochen war,
und wo die Affection durch eine kleine Oeffnung im horizontalen
Canalis semicircularis, da wo sein Bogen in die Trommelhöhle herein-
ragt, sich auf das Labyrinth und so zum Porus acusticus internus
fortpflanzte, gibt *Toynbee* in N. 840 seines Catalogue. Einen anderen
hieher gehörigen von mir selbst beobachteten und sezirten Fall,
welchen ich oben erwähnte, werde ich demnächst ausführlich ver-
öffentlichen. Da bei einem solchen Krankheitsverlaufe das Felsen-

bein äusserlich, auch nach Abzug der Dura mater, in der Regel
keine gröberen Veränderungen zeigt, so kann der wahre Zusammenhang sehr leicht übersehen werden und die Meningitis für eine primäre,
idiopathische imponiren, während sie in der That Folge der Otitis
ist. Man beachte daher etwaiges wenn auch noch so spärliches
eiteriges Secret im inneren Gehörgange, und breche das Labyrinth
von oben auf, so werden die dort deutlichen Spuren der Entzündung
den wahren Sachverhalt ergeben.

§. 25.

Beachten wir endlich noch die T o p o g r a p h i e der L a b y r i n t h -
w a n d in ihrem Verhältniss zum gegenüberliegenden Trommelfell,
damit wir uns klar sind, welche Theile sich gegenseitig entsprechen
und welche wir bei Perforationen sehen können. Die Besichtigung
einer grösseren Anzahl mazerirter Schädel ergibt, dass die äussere
Oeffnung der Paukenhöhle, für gewöhnlich vom Trommelfell verschlossen, ebenso verschieden gestaltet und geformt ist, als wir dies
oben vom Durchschnitte des knöchernen Gehörganges bemerkt haben.
Wir sehen daher häufig an einem Schädel Theile der Labyrinthwand
von aussen, welche an einem anderen nur theilweise oder gar nicht
sichtbar sind. Es ist dies z. B. mit dem ovalen Fenster der
Fall, welches nur bei einzelnen Schädeln entsprechend dem oberen
hinteren Abschnitte des Trommelfells, in der Regel aber höher liegt, so
dass es beim Lebenden von aussen, selbst beim vollständigen Verluste
des Trommelfells nicht zu sehen wäre. Anders verhält sich dies
mit dem im ovalen Fenster befestigten Steigbügel, dessen Lage eine
von oben nach unten gesenkte ist, dessen Köpfchen somit tiefer liegt
als sein Fusstritt, so dass man einen Theil dieses Knöchelchens bei
ausgedehntem Substanzverluste des Trommelfells am Kranken nicht
so gar selten zu Gesicht bekommt. Ebenso findet sich manchmal
das Capitulum stapedis mit dem nichtperforirten Trommelfell verwachsen, und zwar mit der hinteren Hälfte, etwas oberhalb der Mitte
derselben, ein Zustand, welcher sich am Lebenden sehr deutlich aus-
prägt und ganz leicht zu erkennen ist, wenn man die Theile richtig
zu untersuchen und zu beleuchten versteht. Das runde Fenster entspricht dem unteren hinteren Abschnitte des Trommelfelles, und
haben wir schon gefunden, dass man gewöhnlich nur den Eingang zu
seiner Nische, nicht aber die Membrana tympani secundaria selbst
von aussen zu Gesicht bekommt, indem sie erst am Grunde des
schief nach hinten geöffneten Kanales gelegen. Das Promontorium

liegt der Mitte und dem vorderen und unteren Theile des Trommelfells gegenüber, und tritt dasselbe sehr häufig in seiner ganzen Ausdehnung mit seiner Gefässverzweigung zu Tage, wenn ein Theil der
die Paukenhöhle verschliessenden Membran zerstört ist.

An dem vorderen oberen Theile der Labyrinthwand verläuft
oder endet vielmehr der Musculus tensor tympani, dessen Sehne
oberhalb dem ovalen Fenster in einem stumpfen Winkel umbiegt
und quer über die Paukenhöhle nach aussen ziehend, sich am Hammergriffe inserirt. Ebenso wie die Sehne dieses Muskels die innere
und äussere Wand der Paukenhöhle, Labyrinthwand und Trommelfell
verbindet (siehe Fig. IV, den senkrechten Durchschnitt der Paukenhöhle), erstreckt sich auch die Kette der Gehörknöchelchen, resp.
Steigbügel und Ambos von innen nach aussen quer durch die Trommelhöhle — ein Verhältniss, welches das Zustandekommen von abnormen Verbindungen und Verwachsungen zwischen diesen beiden
Wänden und ihren Theilen jedenfalls wesentlich erleichtert.

§. 26.

Um überhaupt eine Reihe pathologischer Vorgänge in der Paukenhöhle, welche eben so wichtig als häufig sind, nämlich die Ad-
häsivprozesse in richtiger Weise würdigen und ihre Entwicklung
verstehen zu können, müssen wir die verschiedenen Durchmesser
dieser Cavität, und die Entfernungen, in welcher ihre einzelnen
Bestandtheile von einander liegen, näher betrachten. Am grössten
ist der Längendurchmesser der Paukenhöhle, welcher vom Ostium
tympanicum tubae oder dem vorderen Rande des Trommelfells bis
zum Eingang in die Warzenzellen etwa 13 Mm. beträgt. Die Höhe
oder der senkrechte Durchmesser misst vorn, am Ostium tymp. tubae,
5—8 Mm.; weiter hinten, am Hammer genommen, 15 Mm. Am
kleinsten ist der Tiefendurchmesser, oder die Entfernung des Trommelfells von der Labyrinthwand, sie beträgt vorn, an der Tubenmündung
3—4¼ Mm.; misst man etwas weiter hinten in der Vertikalebene
des Hammers, so bekommt man am Ende des Hammergriffes, also
dem convexsten Theil des Trommelfells nur 2 Mm. — engste Stelle
der Paukenhöhle —, von der convexesten Stelle des Promontoriums,
welche 1½ Mm. tiefer liegt, als das Griffende, 2¼ Mm.; von der nach
innen liegenden Wölbung des Hammerkopfes 2¼—3 Mm.; in derselben Vertikalebene an der Decke 5 Mm., am Boden 4 Mm. Die
Länge der Sehne des Musc. tensor tympani von ihrem Anfang am
Processus cochleariformis bis zu ihrem Ansatz = 2¼—3 Mm. Misst

man die Tiefenausdehnung noch weiter hinten, so beträgt die Entfernung des Steigbügelköpfchens von der gegenüberliegenden Trommelfellparthie 3 Mm., die des Endes des langen Ambosschenkels vom Trommelfell 2 Mm. Alle diese Theile, deren Entfernungen wir hier als praktisch höchst beachtenswerth genauer betrachteten, sind nun von einer Schleimhaut überzogen, welche wie eine jede Mucosa entzündlichen Anschwellungen, Verdickungen und Infiltrationen unterworfen ist. Bei jedem Catarrh des Mittelohres müssen somit die angegebenen Durchmesser und Entfernungen, insbesondere die der Tiefenausdehnug, sich mehr oder weniger verkleinern, ja werden sich bei stürmischer oder wiederholter Anschwellung der Schleimhaut ganz ausfüllen, so dass manche bisher getrennte Gebilde sich unmittelbar berühren und der lufthältige Raum der Paukenhöhle wesentlich beschränkt wird. Aus der zeitweisen Berührung der geschwellten Schleimhautparthien können sich dann Verlöthungen und Verwachsungen derselben entwickeln oder abnorme Verbindungen derselben durch Pseudomembranen zurückbleiben. Je geringer die Entfernung der Theile von einander, desto leichter werden solche adhäsive Vorgänge sich ausbilden und je mehr einmal durch vorausgehende Verwachsungen oder durch Verdickung der Schleimhaut der lufthältige Paukenhöhlenraum verringert und abnormer Wandraum geschaffen ist, desto eher wird jeder neue katarrhalische Anfall Veränderungen zurücklassen. Die anatomischen Verhältnisse und die mitgetheilten Maasse erklären uns so, nicht nur, warum wir so häufig an der Leiche Pseudomembranen sich zwischen den verschiedenen Theilen hinziehen und selbst einzelne Gebilde und Flächen abnormer Weise mit einander verbunden und verlöthet sehen, sondern auch, warum solche adhäsive Vorgänge gerade an einzelnen Stellen vorzugsweise sich finden. Am öftesten begegnen wir ihnen natürlich zwischen Trommelfell und Labyrinthwand, dann zwischen Trommelfell und den Gehörknöchelchen (Ambos oder Steigbügel), einmal weil hier die Durchmesser am kleinsten und ferner weil die allmälige Annäherung durch bereits vorhandene Vermittler der gegenüber liegenden Flächen, die Kette der Gehörknöchelchen und die Sehne des Musc. tensor tympani, um ein Wesentliches befördert und erleichtert ist.

Eine grosse Reihe solcher Befunde hat *Toynbee* in seinem Catalogue mitgetheilt, ich selbst beschrieb mehrere in meinen „anatomischen Beiträgen zur Ohrenheilkunde" (Virchow's Archiv B. XVII. S. 1—80), darunter einen Fall, welcher sich dem höchsten Grade, der vollständigen Aufhebung des lufthaltigen Raumes in der Paukenhöhle, einer Obliteration derselben annähert (Section XV. linkes Ohr). Diese adhäsiven Vorgänge zwischen Trommelfell und einzelnen Theilen der Paukenhöhle lassen sich auch grossentheils am Lebenden erkennen, sei es durch den blossen Anblick des Trommelfells, oder durch eine Besichtigung desselben, während der Kranke es „aufbläst" oder ein stärkerer Luftstrom aus einer Compressionspumpe oder der Lunge eines Gehilfen durch den Katheter in die Paukenhöhle getrieben wird. Welche Erscheinungen hiebei am Trommelfell sich ergeben, wurde § 15. in Kürze bereits mitgetheilt.

Diese Vorgänge wurden von den meisten Ohrenärzten, insbesondere den deutschen, bisher entweder gar nicht beachtet oder wenigstens keiner besonderen practischen Würdigung unterzogen. Es kommt dies einmal von der geringen Berücksichtigung des Befundes an der Leiche und der dürftigen Bearbeitung der pathologischen Anatomie des Ohres überhaupt, andererseits waren die bisher üblichen Untersuchnngsmethoden des Trommelfells zu solchen Beobachtungen nicht geeignet und glaube ich mich daher im vollen Rechte, wenn ich früher bereits *) mich dahin aussprach, dass die Ungenügendheit der bisherigen Untersuchungsmethoden am sprechendsten sich dadurch erweist, dass die grosse Reihe solcher Veränderungen am Trommelfell, welche bei richtiger Beleuchtung mit Leichtigkeit zu sehen und oft sehr auffallende Bilder gewähren, bisher selbst den geübtesten Untersuchern fast vollständig entgangen sind. —

Ich verspreche mir vorläufig sehr wenig Nutzen von der künstlichen Perforation des Trommelfells, sei es zur Verbesserung des Hörens, sei es zur Entleerung eines Paukenhöhlenabscesses. Wenn ich aber diese Operation machen wollte, so würde ich sicherlich nicht am vorderen unteren Abschnitte der Membran perforiren, welche Stelle allgemein als die passendste angegeben wird, denn hier ist gerade die Paukenhöhle am engsten und wird ein Instrument, welches selbst nur 1‴ erlaubt vorzudringen, in den meisten Fällen das gegenüberliegende Promontorium verletzen. Ist das Instrument sehr spitzig und wendet der Operateur etwas stärkeren Druck an, so kann auch das Promontorium perforirt werden, welches hier ziemlich dünnwandig ist. Besser geeignet wäre die untere hintere Parthie, wo die Paukenhöhle weiter ist.

Nur von *Krause* und *Arnold* sind mir Angaben über die verschiedenen Durchmesser der Paukenhöhle bekannt, welche sich indessen auf die Hauptmaasse beschränken. *Krause* sagt: „Die Paukenhöhle ist von unten nach oben

---

*) „Die Untersuchung des Gehörganges und Trommelfells etc." S. 32.

6''' hoch, von vorn nach hinten 4¼''' breit, und von aussen nach innen 1½ — 3'''
tief; in ihrem oberen Theile überhaupt geräumiger, als im unteren." *Arnold:*
„Die Trommelhöhle zeigt sich am wenigsten geräumig von aussen nach innen,
ihre Tiefe d. h. die Entfernung des Trommelfells von der inneren Wand beträgt
unten 1½''', oben 3'''. Der senkrechte Durchmesser ist hinten beträchtlicher
als vorn, er misst dort 6''', hier 4'''. Die Ausdehnung von vorn nach hinten
hat in der Mitte 4¼'''—5'''."

Es mögen hier, wie auch die verschiedenen Messungsergebnisse beweisen,
ziemlich beträchtliche individuelle Schwankungen vorkommen und in der That
findet sich an manchen Schädeln eine auffallend geräumige, an anderen eine
auffallend enge Paukenhöhle. Die Mehrzahl der eben angegebenen Maasse
gewann ich an Querschnitten der Paukenhöhle, wobei ich die Pyramide in
Ebenen durchsägte, welche auf das Trommelfell möglichst senkrecht trafen,
dasselbe mit der äusseren Wand aber vollständig erhalten wurde. Einen solchen
Durchschnitt stellt auch Fig. IV. vor, nur ist er hier der grösseren Deutlichkeit
wegen durch das Trommelfell und den Gehörgang fortgesetzt.

§. 27.

Die Schleimhaut der Paukenhöhle ist glatt, weisslich,
sehr dünn und zart und gleicht beim Erwachsenen in mancher Beziehung mehr einer Serosa. Ihr Epithel besteht aus Pflasterzellen,
welche nur am Boden der Cavität Flimmerhaare besitzen und daselbst
zugleich in ihrer Form alle Uebergänge zwischen Platten- und Cylinder-
epithel darstellen. Die Angabe der Autoren, dass an den Wänden
das Epithel überall wimpere, bewahrheitet sich nach meinen Untersuchungen nicht. Drüsen wurden ihr bisher vollständig abgesprochen;
ich fand indessen mehrmals dicht am Trommelfell, da wo Tuba und
Paukenhöhle in einander übergehen, eine traubenförmige Drüse von
ziemlich beträchtlicher Grösse. In den übrigen Theilen der Paukenhöhle gelang es mir allerdings nie, drüsige Elemente nachzuweisen.
Wie beim Erwachsenen unter abnormen Zuständen, beim Catarrh des
Ohres, so tritt beim Kinde gewöhnlich der Schleimhautcharacter deutlicher hervor, indem die Mucosa in diesem Alter meist reich an Gefässen, leicht gewulstet und auch die Secretion gewöhnlich stärker
ist. Auffallend häufig begegnet man sogar in kindlichen Leichen neben
den verschiedensten zum Tode führenden Veränderungen im Organismus
einem Befunde, den wir als acute Otitis interna, als eiterigen Catarrh
des Mittelohrs bezeichnen müssen, nämlich intensive Schwellung und
Hyperämie der ganzen Schleimhaut neben Erfüllung der Paukenhöhle
und der angränzenden Hohlräume mit Eiter.

Diese Thatsache, auf welche ich schon vor zwei Jahren aufmerksam gemacht *), verdient im höchsten Grade die Beachtung der

---

*) Würzburger Verhandlungen IX. B. Sitzungsberichte LXXVII.

Practiker, und insbesondere der Kinderärzte, zumal man gewöhnt ist,
an ein Ohrenleiden bei Kindern erst dann zu denken, wenn ein
eiteriger Ausfluss vorhanden ist. Muss man es nicht von vornherein
für sehr unwahrscheinlich halten, dass anatomische Veränderungen in
der Paukenhöhle, welche beim Erwachsenen örtlich wie allgemein
in äusserst störender und tiefgreifender Weise sich äussern, auf den
zarten Organismus des Kindes weniger energisch rückwirken sollten?
Da bei einer grösseren Reihe von beliebigen Kinderleichen die über-
wiegende Mehrzahl diesen auffallenden Befund darbot, möchte ich im
Gegentheil die Frage aufstellen, ob nicht eine Reihe von sehr häufigen
Störungen im Befinden kleiner Kinder, welche wir gewohnt sind, als
Gehirncongestionen, als allgemeine Aufregungen von Seite des Zahn-
geschäftes und dergl. aufzufassen, auf diese entzündlichen Vorgänge
im Mittelohre zu beziehen wären, oder wenigstens vorwiegend häufig
solche hervorriefen.

Die anatomische Thatsache steht fest, dass bei Kindern die Beziehungen zwischen Mittelohr und Gehirn noch viel inniger sich
gestalten, als dies bereits beim Erwachsenen der Fall ist; ich erinnere
nur an jenen gefässhaltigen Fortsatz, welchen die Dura mater bei
Kindern durch die Fissura petro-squamosa in die Paukenhöhle ent-
sendet und vermittelst welches die Ernährungsstörungen in der einen
Richtung sich auf die unter gleicher Blutzufuhr stehenden Theile erstrecken werden. So gut daher aus einer Circulationsstörung im
Gehirne eine solche im Ohre sich entwickeln kann, ebenso könnte
dies umgekehrt der Fall sein und eine primäre Ohrenaffection beim
Kinde um so leichter Einfluss gewinnen auf die Vascularisation im
Gehirne oder in den Meningen. In dieser Hinsicht wäre zu bemerken,
dass ich bei allen Kindern, welche die erwähnten Zustände in der
Paukenhöhle zeigten, soweit mir auch die weiteren Sectionsergebnisse
zu Gebote standen, venöse Hyperämie der Gehirnhäute und Blutüber-
füllung des Gehirns aufgezeichnet fand.

Ich verkenne keineswegs die grossen Schwierigkeiten, welche
in praxi der Diagnose eines ohne Ausfluss einhergehenden Ohrenleidens bei kleinen Kindern entgegentreten, welche noch nicht reden,
den Sitz des Schmerzes nicht angeben können und bei denen
eine Inspection der Theile fast zu den Unmöglichkeiten zu rechnen
ist. Indessen, wer selbst Vater ist, wird wissen, in welch frühem
Alter man sich bereits mit aller Entschiedenheit aussprechen kann,
ob ein Kind hört oder nicht hört und liessen sich daher so bedeutende
Störungen der Hörfunction, wie sie die oben erwähnten Veränder-

ungen nothwendig mit sich brächten, bei einigermassen gelehriger Umgebung des Kindes durch Versuche in sehr vielen Fällen sicher eruiren. Ob der kindliche Schmerzensschrei bei Ohrenentzündungen wirklich etwas Charakteristisches an sich hat, wie dies manche Beobachter behaupten, vermag ich nicht zu beurtheilen; ich weiss nur, dass selbst standhafte und ertragungsfähige Männer mir häufig die Ohrenschmerzen als die fürchterlichsten und rasendsten Schmerzen schildern, welche man sich nur denken könne, — „als ob eine glühende Nadel durch den ganzen Kopf gestossen würde" ist eine öfter vorkommende Beschreibung, — dass dieselben bei akuten Prozessen in der Paukenhöhle seltener stichweise, sondern meist länger anhaltend, oft ganze Tage oder Nächte ohne Unterbrechung dauernd, häufig mit plötzlichen, namentlich nächtlichen Exacerbationen verlaufen, dass sie sich durch jede Erschütterung des Körpers, namentlich des Kopfes, durch jede Kau- oder Schluckbewegung — sicherlich also auch durch das Saugen beim Kinde — vermehren, dass sie durch Einwirkung von Kälte oder durch äussere Geräusche gesteigert oder wieder hervorgerufen, durch Wärme dagegen, am besten durch Eingiessen von lauem Wasser, und noch mehr durch Ansetzen eines oder mehrerer Blutegel an die Ohröffnung sich gewöhnlich lindern oder beruhigen lassen. Ich sollte meinen, wenn man in Bezug auf die Krankheits-Erscheinungen Alles berücksichtigt, was man der Analogie beim Erwachsenen entlehnen kann, und ausserdem zu diesen positiven Ergebnissen der Beobachtung die per exclusionem gewonnenen negativen fügt, so müsse man einen solchen akuten Paukenhöhlenkatarrh auch bei ganz kleinen Kindern nicht selten mit einiger Wahrscheinlichkeit diagnostiziren können, und möchte ich die Aerzte daher auffordern, in der Kinderpraxis und bei Kindersektionen ihre Aufmerksamkeit auch auf diesen Punkt zu lenken. Erinnern wir uns hiebei, wie ungemein häufig Ohrenschmerzen im kindlichen Alter überhaupt sind, dass denselben, wenn wir untersuchen, gewöhnlich ein entzündlicher Zustand, sei es des äusseren oder des mittleren Ohres, zu Grunde liegt, wie häufig ferner Otorrhöen bei Kindern, meist nach länger dauerndem Unwohlsein, auftreten, und dass eine beträchtliche Menge von Schwerhörigen ihr Leiden auf die allerfrüheste Kinderzeit zurück datiren müssen, bereits nachweisbar daher Ohrenleiden bei Kindern jedenfalls ungemein häufig sind.

Die Häufigkeit des Uebersehens von Ohren-Entzündungen bei kleinen Kindern und die Krankheits-Erscheinungen, nach welchen man solche mit einiger Wahrscheinlichkeit diagnostiziren kann, führt bereits 1825 ein Arzt in Fulda, Dr. *Schwarz*, in einem noch heute ganz brauchbaren Aufsatze in *Siebold's* Journal für Geburtshülfe aus (B. V. Hft. 1. Seite 160—173).

Weitere Mittheilungen über diesen Gegenstand gibt *Helfft* (Journ. f. Kinder-
krankheiten Dez. 1847, *Schmidt*'s Jahrbücher 1848. B. 58 S. 337), nach welchem die
Symptome denen der genuinen Meningitis gleichen. „Immer muss bei kleinen
Kindern ein lautes, von Zeit zu Zeit ausgestossenes Geschrei bei vollkommener
Integrität der Brust- und Bauchorgane auf den Sitz des Leidens in der Kopf-
höhle hinweisen. Dass jedoch keine merkliche Hirnentzündung vorhanden sei,
dafür spricht der Mangel des Erbrechens und der Stuhlverstopfung, sowie die
geringe febrile Reaction."

§. 28.

Beim Fötus kann natürlich die Paukenhöhle ebensowenig luft-
hältig sein, als es die Lunge ist. Alle Anatomen seit *Fabrizius von
Aquapendente* nehmen an, dass sie im Fötalzustande mit Schleim
erfüllt sei und noch *Huschke* sagt im 5. Bande der neuen Ausgabe
von *Sömmering*'s Anatomie (1844. S. 897): „Die Paukenhöhle ist
beim Neugebornen wie beim Fötus noch mit reichlichem Schleim
gefüllt und erst mit wiederholtem Athmen und Schreien desselben
tritt die atmosphärische Luft durch die Enstachische Trompete in
dieselbe und verdrängt allmälig den Schleim". Dies ist — „Schleim"
als freies Gewebe, als Product der Schleimhaut gedacht — entschieden
unrichtig. In der Paukenhöhle des Fötus und des Neugebornen findet
sich kein freier Schleim, sondern dieselbe ist ausgefüllt von einer
Wucherung des Schleimhautüberzuges und zwar der Labyrinthwand,
welche ähnlich einem dicken Polster bis zur glatten Innenfläche des
Trommelfells sich erstreckt und mit ihrer Oberfläche demselben dicht
anliegt. Dieses beim Durchnitte allerdings schleimig-gallertige Polster
besitzt eine gefässtragende, mit schönem kernhaltigem polygonalem
Plattenepithel bedeckte Oberfläche und besteht aus embryonalem
Bindegewebe (Virchow'schen Schleimgewebe), aus einem prächtigen
Zellennetz in schleimiger Grundsubstanz. Bereits sehr bald nach der
Geburt verkleinert sich diese Schleimhautwucherung, wie mir scheint,
durch Einschrumpfung, nicht durch oberflächlichen Zerfall, und wird
so der Luft Platz gemacht. Diese Auffassung der Verhältnisse, wie
ich sie zuerst zu geben versuchte *), möchte wohl einen Beitrag liefern
zur Erklärung, warum Erkrankungen des Mittelohres bei kleinen
Kindern so auffallend häufig sind. In der ersten Lebenszeit des
Kindes finden nach Obigem jedenfalls sehr umfangreiche Entwicklungs-
vorgänge im mittleren Ohre statt. Die praktische Erfahrung lehrt
uns aber, dass überall, wo eine gesteigerte Ernährungsthätigkeit im

---

*) Würzburger Verhandlungen B. IX. Sitzungsberichte LXXVIII.

physiologischen Sinne besteht und eingreifende Entwicklungsprozesse vor sich gehen, um so leichter Ernährungsstörungen pathologischer Art, krankhafte Zustände, Entzündungen sich einstellen.

Was die Ossification der Gehörknöchelchen betrifft, so besteht im vierten Fötalmonate der untere Theil des Hammers vom Halse an noch aus durchscheinender Knorpelmasse, der Kopf hat eine dünne knöcherne Schale. Beim Ambos wird der hintere grössere Theil der Gelenkfläche und der ganze hintere (kurze) Fortsatz von röthlichen biegsamen Knorpel gebildet. Der Steigbügel endlich ist um diese Zeit noch vollständig knorpelig und zeigt nur in seinem Fusstritte, wie in jedem seiner Schenkel einen kleinen Verknöcherungspunkt. Die Grösse betrifft bereits über $\frac{1}{2}$ der Normalgrösse beim Erwachsenen.

Beim Fötus vom 6 — 7. Monat zeigt sich dagegen der Steigbügel bereits vollständig verknöchert, während am Ambos sich von der Gelenkfläche noch ein dünnes weiches Knorpelplättchen abheben lässt und auch der unterste Theil des Hammergriffes noch knorpelig ist.

Bei einem Fötus vom Anfange des neunten Monates erscheinen die Gehörknöchelchen sämmtlich bereits vollständig verknöchert, doch ist die compakte Knochenschichte an der Oberfläche sehr dünn und innen das Maschengewebe sehr zart. Grösse bereits wie beim Erwachsenen.

Mit dem Alter nimmt die compakte Knochensubstanz an Mächtigkeit zu, so dass in späteren Jahren das spongiöse Gewebe vollständig verschwunden ist.

§. 29.

An der zarten Auskleidung der Paukenhöhle lassen sich Schleimhaut und Periost nicht getrennt darstellen und ist die Membran, welche wir gewöhnlich Schleimhaut nennen, zugleich Trägerin der Gefässe für den Knochen, übernimmt also auch die Rolle des Periosts. Dieses Doppelverhältniss ist insofern von grosser Bedeutung, als nothwendig jede intensivere und längerdauernde Erkrankung der Schleimhaut rückwirken wird auf die Ernährung der die Paukenhöhle bildenden Knochen. Jede Entzündung der Schleimhaut der Trommelhöhle ist somit auch eine Entzündung der Knochenhaut, jeder Catarrh eine Periostitis. Verläuft die Entzündung chronisch, so ist die Neigung grösser zur Verdickung der Schleimhaut und zur Knochenhypertrophie, zur Hyperostose, während bei acuteren Prozessen bekanntlich die Schleimhaut mehr zur Ulzeration und die Periostitis häufiger zur Knochenatrophie, zu entzündlicher Erweichung und oberflächlicher Caries führt. Ich habe mich schon wiederholt (z. B. a. a. O. S. 22 und S. 45), gestützt auf anatomische wie auf klinische Gründe, dahin ausgesprochen, dass die Caries im Felsenbeine sicherlich unendlich häufiger Folge entwickelter und vernachlässigter Entzündungen der Weichtheile des äusseren und mittleren Ohres ist, und viel seltener aus einer primären Erkrankung des Knochens hervorgeht. Je grösser meine Erfahrung wird, je mehr Ohrenaffectionen ich am Kranken und an der Leiche kennen lerne, desto mehr fühle ich mich in dieser Ansicht bestärkt, und gewinnen durch diese Anschauung die Entzündungen dieser Theile eine höhere Bedeutung.

Was wir oben (§. 9) von den nicht selten perniziösen Folgen der entzündlichen und eiterigen Affectionen des knöchernen Gehörganges gesehen, gilt im erhöhten Massstabe für die Paukenhöhle, wo wir es noch mehr nach allen Seiten mit bedenklicher Nachbarschaft zu thun haben. Rufen wir uns noch einmal kurz die in den vorhergehenden Abschnitten betrachteten anatomischen Verhältnisse zurück, um im Zusammenhange zu prüfen, auf welche Nachbartheile entzündliche Paukenhöhlenprozesse einwirken können und in welcher Weise eine solche Weiterverbreitung der Affection sich zu äussern vermag. So allein werden wir die wahre und volle Bedeutung solcher Vorgänge genügend würdigen können.

Dass Ulzeration und Durchbohrung des Trommelfells häufig in Folge solcher Erkrankungen eintritt, ist sehr bekannt, ebenso, dass nicht gerade selten Entzündung der Paukenhöhle durch das Dach derselben auf die Meningen und das Gehirn übergehen und haben in neuerer Zeit namentlich *Lebert* und *William Gull* dargethan, wie auffallend häufig besonders Gehirnabszesse ihre Entstehung von einer Otitis nehmen.

Lebert stellt in seinen Artikeln „über Gehirnabszesse" in Virchow's Archiv (B. X.) 80 Fälle von Gehirnabszessen zusammen und gingen davon 18 nachweisbar von einer Ohrenaffection aus; weitere 18 Fälle derselben Art fügte ich aus der Literatur und aus meiner Erfahrung in demselben Archiv (B. XVII. S. 42 u. ff.) bei und liessen sich dieselben seitdem noch um einige vermehren. Unter 16 Beobachtungen von Gehirnabszessen, welche *Will. Gull* in den Guy's Hospital Reports (1858. Vol. III. und med.-chirurg. Monatshefte 1859. I. 395) anführt, hatten wiederum 4 denselben Ausgangspunkt.

Mindestens ebenso bedeutungsvoll für die Paukenhöhlen-Erkrankungen ist die Nähe so vieler diploëtischer Räume, auf welche die Entzündung sich leicht in der Form der Osteophlebitis fortsetzt und von welchen aus so häufig die Bedingungen zur Bildung von Thromben gegeben wird, welche Gefahren hier um so grösser sind, als um das mittlere Ohr herum eine ziemliche Reihe von Venenräumen, namentlich von Blutleitern der Dura mater, sich befinden und insbesondere der Sinus transversus von der hinteren Paukenhöhlenwand nur durch ent-

wickelte Diploëmassen, weitmaschige Knochenzellen, getrennt ist.
Wie häufig Entzündungen der Hirnsinus durch Otitis bedingt und
wie die dadurch hervorgerufenen cerebralen, typhoiden oder pyämischen
Erscheinungen noch gewöhnlich und allgemein verkannt werden, darauf
hat in neuerer Zeit wiederum *Lebert* das Verdienst, besonders aufmerksam gemacht zu haben.

Dem von *Lebert* Mitgetheilten „über Entzündung der Hirn-Sinus" in
Virchow's Archiv (B. IX. 1855) schliesst sich die aus seiner Schule hervor-
gegangene Inauguraldissertation *Heussy's* „die Phlebitis der Hirnsinus in Folge
von Otitis interna" (Zürch 1855), dann die *Weill's* an „de l'inflammation des
Sinus cérébraux suite d' Otite interne" (Strassburg 1858). Mehrere Beobachtungen, welche hieher gehören, erwähnt *von Dusch* in seinem Artikel „Ueber
Thrombose der Hirn-Sinus" in der Zeitschrift für rationelle Medicin (1859 B. VII),
dann *Cohn* in seiner „Clinik der embolischen Gefässkrankheiten" (Berlin 1860.
S. 192 u. ff). Einen derartigen Fall theilte ich mit a. a. O. Section V.

Wir haben ferner gesehen, wie nahe der unteren Wand gewöhnlich die Vena jugularis liegt, wie leicht am Boden der Paukenhöhle
gerade jede Eiteransammlung schädlich einwirken kann und wie der
Umstand, dass ein solcher Verlauf von Ohrenleiden noch selten beobachtet worden ist, weniger auf sein seltenes Vorkommen, als auf
seltenes Untersuchen dieser Theile an der Leiche bezogen werden
darf. Wir fanden sodann, wie auch die Carotis interna von der
knöchernen Tuba nur durch ein durchscheinend dünnes, oft defectes
Knochenblättchen getrennt ist und ebenso in dieser Richtung dem an
Caries des Ohres leidenden Individuen wesentliche Gefahren drohen.
Schliesslich haben wir verschiedene Wege kennen gelernt, auf welchen
durch die Theilnahme des Laryrinthes oder des Facialis an der Entzündung, Eiterung im Porus acusticus internus und somit purulente
Meningitis vom Mittelohre ausgehen kann.

Wenn wir so sehen, in welch naher Beziehung zum freien Raum
der Paukenhöhle nicht nur das Gehirn und seine Umhüllung, sondern
auch eine grosse Arterie, eine grosse Vene, mehrere Blutleiter der
Dura mater, endlich ein zum ungestörten Lebensgenuss sehr wichtiger
Nerv, der Facialis, liegen, wie ferner diese Cavität fast ringsum von
Diplöe umgeben ist, deren Entzündung wir bei der geringsten Kopf-
wunde mit Recht für ein zu fürchtendes Ereigniss halten, so müssen
wir in der That staunen, mit welcher Gleichgültigkeit bisher von den
Aerzten nicht weniger als von den Laien Entzündungen und Eiterungen
in diesen Abschnitten des Ohres betrachtet und behandelt werden, ja
gewöhnlich sich selbst d. h. dem Weiterumsichgreifen überlassen
bleiben. Doch wir müssen hier noch einige Punkte weiter berühren.
Gerade in der Paukenhöhle findet sehr leicht Anhäufung, Stagnation

und somit Zersetzung des Secrets statt, einmal weil dieses meist dicklich und zäh ist, die Wände allenthalben Vertiefungen und Sinuositäten darbieten und dann, weil sämmtliche Theile, durch welche das Product der Entzündung etwa nach aussen treten könnte, nicht im Niveau des Bodens, sondern höher liegen. So das Trommelfell, dessen unterster Rand den Boden der Paukenhöhle keineswegs erreicht, so dass auch durch eine vollständige Zerstörung des Trommelfells noch kein vollständig freier Eiterabfluss in den äusseren Gehörgang gegeben ist. Aehnlich gelegen sind die Einmündung der Tuba und der Eingang zu den Warzenzellen, wobei indessen zu erinnern, dass an Affectionen der Trommelhöhle die mit ihr communizirenden Zellen, wie auch der obere Theil der Ohrtrompete fast constant theilnehmen, das geringe Lumen der Tuba somit durch gleichzeitige Schleimhautwucherung in ihr abgesperrt und gleich den weiter hinten liegenden Knochenräumen mit Secret erfüllt ist. Von einem Eiterabfluss per tnbam in den Rachen wird daher sicher viel seltener die Rede sein können, als man dies gewöhnlich annimmt; durch eine Eiterentleerung in die Zellen des Warzenfortsatzes wäre aber, wenn er selbst stattfände, durchaus nichts gewonnen, ausser etwa dass der Arzt dadurch rascher auf die drohende Gefahr aufmerksam gemacht würde.

Noch muss ich der irrigen Ansicht entgegentreten, als ob alle diese Gefahren nur bei offen liegenden „Caries des Felsenbeins", bei profuser Otorrhoe und bei Perforation des Trommelfells zu befürchten stünden. Es ist richtig, in der überwiegenden Mehrzahl der Fälle, wo eine Otitis interna das Leben des Kranken wesentlich gefährdet oder tödtlich endet, wird eiteriger Ausfluss und Durchlöcherung des Trommelfells vorhanden sein, allein es ist dies keineswegs eine Conditio sine qua non. Gewöhnlich wird allerdings das Trommelfell unter dem Einflusse der dahinter stattfindenden Entzündung und des dadurch gesetzten eiterigen Produktes ulzeriren und durchbrechen, allein es kann auch durch vorausgehende Prozesse bedeutend verdickt und dadurch widerstandsfähiger sein, oder der Prozess kann ungewöhnlich stürmisch verlaufen und unter begünstigenden Momenten sehr schnell einen der übrigen angedeuteten Ausgänge nehmen, bevor das Trommelfell nachgegeben hat. Mir sind vorläufig nur ein Fall *Wolf's* aus der Berliner Charité (mediz. Central-Zeitung 1857. N. 35. Beobachtung III.) einer von *Maillot* aus dem Hôpital du Val-de-Grace (Gaz. des Hôpitaux 1852. N. 40.), einer von *Maisonneuve* aus dem Hôp. Cochin (Gaz. des Hôpitaux 1851. N. 92.) und fünf ähnliche von *Toynbee* (799, 800, 824, 829 und 840 in seinem Catalogue) bekannt, wo Otitis interna zum Tode führte, ohne dass eine Durchlöcherung des Trommelfells eingetreten war. Abgesehen davon, dass noch viele derartige Fälle aufgezeichnet sein mögen, welche ich nicht kenne, lässt sich bei der grossen Mangelhaftigkeit der bisherigen Beobachtung in dieser Richtung aus dieser geringen Anzahl kein Schluss auf ein ungemein seltenes Vorkommen eines solchen Verlaufes machen. Ist man doch bisher gar nicht gewohnt, Ohrenerkrankungen als bedenklich anzusehen und bei ihnen nur an die Möglichkeit einer Gefahr zu denken, wenn nicht mindestens Eiter zum Ohre und eingespritztes Wasser zur Nase herausläuft. Gibt doch in der That letztere Erscheinung vielen Aerzten noch den einzigen Anhaltspunkt zur Diagnose einer Trommelfellperforation und wird eine genauere Untersuchung des Ohres verhältnissmässig nur selten angestellt, selbst wenn ein offenbarer Zusammenhang zwischen dem Allgemeinleiden und der Ohrenaffection vorliegt. „Caries des Felsenbeins" genügt zur Diagnose und zur Begründung der Ansicht, dass hier doch jede weitere Mühe überflüssig; um wie viel weniger wird daran gedacht, an der Leiche das Ohr zu untersuchen, wenn vielleicht kaum Eiterausfluss da war und der Kranke vielleicht nur gelegentlich, bevor er in vollständige Bewusstlosigkeit und Irrereden verfiel, etwas von Ohrenschmerzen erwähnte. Wird aber das Ohr bei der Section eröffnet, so geschieht dies häufig, ohne dass das Felsenbein aus dem Schädel herausgenommen wird und mittelst Meissel in einer so energischen Weise, dass sich über eine vorhergehende Intaktheit des Trommelfells oft nichts Bestimmtes mehr sagen lässt. Ich bin weit entfernt und verwahre mich, mit dieser Schilderung irgendwie anklagend auftreten oder meinen Collegen Vorwürfe machen zu wollen — die Sache liegt tiefer, als dass einzelne Persönlichkeiten oder selbst eine einzelne Generation verantwortlich gemacht werden könnte für alle Begehungs- und Unterlassungssünden, welche auf diesem Gebiete allerdings noch allgemein und massenhaft begangen werden.

In England scheint man über die häufig bedenklichen Folgen chronischer Otorrhöen sich klarer zu sein, als bei uns. Wenigstens findet man in den Sammlungen der englischen Spitäler eine auffallende Menge hiehergehöriger Präparate und in der dortigen Literatur häufiger einschlagende Beobachtungen mitgetheilt; auch das grössere Publikum scheint von den traurigen Folgen vernachlässigter Ohren-Entzündungen mehr Notiz genommen zu haben. So gibt es in London Lebensversicherungs-Gesellschaften, welche mit Otorrhö behaftete Menschen entweder gar nicht oder nur unter erschwerenden Bedingungen aufnehmen. Ich gestehe, ich halte diese Praxis für vollständig gerechtfertigt und möchte nach meiner bisherigen Erfahrung glauben, dass eine umfangreichere statistische Zusammenstellung über die durchschnittliche Lebensdauer von Individuen, welche an chronischer Otorrhö leiden, sehr überraschende Resultate liefern würde.

Es ist richtig, es gibt eine Menge Menschen mit eiterigem Ohrenfluss, welche durchaus gesund bleiben und endlich, vielleicht nach einer langen Reihe von Jahren an einer acuten oder chronischen Krankheit sterben, welche man nach unseren bisherigen Kenntnissen nicht berechtigt ist, in irgend eine Beziehung zum Ohrenleiden zu setzen. Mir aber, der ich seit einer Reihe von Jahren eine ziemliche Anzahl solcher an chronischer Otorrhö Leidenden im Auge behalte, fällt auf, wie bereits unverhältnissmässig Viele davon, meist Männer in den besten Jahren, ziemlich rasch starben und wenn man näher nachsieht, verlief die tödtliche Erkrankung — bis jetzt stets acut verlaufende Tuberculose der Meningen, der Lungen oder des Darmes — in einer Weise, welche an eine septische Infection des Blutes denken lassen. Bei drei solcher Fälle, welche ich veröffentlichte, (s. a. a. O. Section XIV, XV und XVI) und bei denen ich eine genauere Untersuchung des Felsenbeines anstellen konnte, war ich nicht im Stande, irgend einen anatomischen Zusammenhang zwischen tödtlicher Erkrankung und Ohrenleiden nachzuweisen, von mehreren Anderen aus der Privatpraxis, welche ausser meinem Bereiche unter ähnlichen Umständen starben, liegen mir nur die entsprechenden Berichte der Hausärzte vor. Im Angesichte solcher auffallenden Beobachtungen stellte ich früher schon (l. c. S. 79) die Frage auf, „ob nicht überhaupt manche Formen von rasch beginnender und rapid verlaufender Tuberculose auf eine Infection des Blutes von irgend einem Eiterherde ausgehend, zurückgeführt werden könnten". Wie ich später belehrt wurde, hatte Prof. *Buhl* in München dieselbe Frage nicht bloss aufgestellt, sondern, auf Thatsachen gestüzt, sie, für die Entstehung der acuten Miliartuberculose wenigstens, bereits entschieden bejaht*). Dass dann aber gerade das mittlere Ohr sehr geeignet ist, als Infectionsherd zu dienen, wenn Eiter in ihm und seinen zelligen Räumen abgelagert die käsige Metamorphose eingeht, das ergeben die obigen anatomischen Betrachtungen.

§. 30.

Gefässe und Nerven der Paukenhöhle.

Die Trommelhöhle bekommt ihre Ernährungszufuhr aus sehr verschiedenen Quellen. So von der *Art. stylomastoidea* der hinteren Ohrarterie (Carotis ext.), welche ausserdem während ihres Verlaufes im Fallopischen Kanale Aeste an die Umhüllung des Facialis abgibt und zugleich die Zellen des Warzenfortsatzes versorgt. Die *Phanyngea ascendens* (Carotis ext.) geht zur Auskleidung der Paukenhöhle, wie zur Schleimhaut der Ohrtrompete. Die *Art. meningea media* (Maxillaris int.) versorgt nicht nur den grössten Theil der Dura mater, sondern gibt auch durch den Hiatus Canalis Fallopii und die Fissura petroso-squamosa Aeste zur Paukenhöhle. Wie

---

*) Siehe die Mittheilungen „aus den pathologisch-anatomischen Demonstrationen von Prof. *Buhl*" von *Friedrich* und *Tutscheck*. I. „Psoasabscess mit nachgefolgter acuter Miliartuberculose" in der Wiener mediz. Wochenschrift. 1859. S. 195.

mancherlei pathologische Vorkommnisse, namentlich die häufigen
Schwindelanfälle im Verlaufe einiger mit Hyperämie der Paukenhöhle
einhergehenden Erkrankungsformen auf diese Gefässgemeinschaft der
Dura mater und des Ohres zu beziehen seien, haben wir bereits
früher (§. 23) gesehen. Schlüsslich gibt noch die *Carotis interna*
während ihres Durchganges durch das Felsenbein ein oder zwei Aestchen vom Canalis caroticus aus an die Paukenhöhle.

Auch der Nervenbezug ist in der Trommelhöhle ein sehr man-
nichfaltiger und zwar betheiligen sich hier der Quintus, der Facialis,
der Glosopharyngeus und der Sympathicus, sowie ferner das Ganglion
osticum s. Arnoldi und die Chorda tympani hier kurz berücksichtigt
werden müssen.

Vom *Trigeminus,* und zwar dem motorischen Nervus pterygoideus internus des dritten Astes geht ein kleiner Zweig an den Musculus tensor tympani, welcher ausserdem ein Aestchen vom Ganglion
oticum erhält. Nach *Luschka* *) vermittelt der erste die willkührliche, der zweite die unwillkührliche Spannung des Trommelfells. Die
der Willkühr unterworfene Thätigkeit des M. tensor tympani soll
immer zugleich mit einer Bewegung des weichen Gaumens stattfinden, in welchem ebenfalls ein Ast des Pterygoideus int. sich ver-
theilt und ist *Luschka* der Ansicht, dass das Oeffnen des Mundes
beim Lauschen mit einer gleichzeitigen Spannung des weichen Gaumens zusammenhängt und keineswegs von dem Weiterwerden des
Gehörganges bei gesenktem Unterkiefer herrühre.

Der *Facialis* gibt ein kleines Aestchen an den Musc. stapedius.

Die Schleimhaut der Paukenhöhle wird vom *Glossopharyngeus*
versorgt, dessen Nervus tympanicus s. Jacobsonii am Boden eindringt
und am Promontorium in die Höhe geht. Nach *Arnold* vermittelt
der Zungen-Schlundkopf-Nerve einerseits die Empfindungen in der
Schleimhaut der Trommelhöhle und der Ohrtrompete, in der des
Schlundkopfes und des weichen Gaumens, sowie vorzüglich an der
Zungenwurzel und der Rachenenge, andererseits die Bewegungen der
Schlundkopfheber, der oberen Schlundkopfschnürer und des vorderen
Rachenschnürers. Die engen Beziehungen zwischen Schlundkopf,
Rachenhöhle und mittlerem Ohre, finden somit auch im Bereiche der
Nervenbahnen ihre anatomische Erklärung.

---

*) „Ueber die willkührliche Bewegung des Trommelfells." Archiv für physiol.
Heilkunde 1850. IX. B. S. 80 - 85.

Dass der *Sympathicus* sich an der Nervenversorgung der Paukenhöhle betheiligt, wird von allen Autoren angegeben, indessen in sehr
verschiedener Weise. *Hyrtl* beschreibt einen Plexus tympanicus,
welches kleine Geflecht aus Verbindungen des Sympathicus, Quintus
und Glossopharyngeus bestehend, am Boden und am vorderen Theile
der Labyrinthwand gelegen ist und die Schleimhaut des ganzen
Mittelohres, der Paukenhöhle, Zitzenzellen und Tuba versorgt.

Das Ohrganglion **Ganglion oticum** s. **Arnoldi** hat für das
Gehörorgan jedenfalls dieselbe Bedeutung, wie das Ganglion ciliare
für das Auge, ist aber von Seite der Physiologie im Allgemeinen
noch sehr wenig eingehend gewürdigt worden. Dasselbe liegt ziemlich
nahe dem Foramen ovale des grossen Keilbeinflügels, vor der Art.
meningea media, an der äusseren Seite der knorpeligen Ohrtrompete
und des Ursprungs des Tensor tympani und setzt sich zusammen aus
motorischen Aesten vom dritten Quintusast, aus sensitiven vom Zungen-
schlundkopfnerven und aus Sympathicus-Fäden. Vom Ohrknoten geht
das bereits erwähnte Aestchen zum Musc. tensor tympani, welches
der Reflexthätigkeit desselben vorsteht, ein Zweigchen zum N. pterygoideus int. des Quintus, und mehrere Verbindungszweige zum N. auricularis des dritten Trigeminusastes, welcher, wie wir oben gesehen,
die Haut des äusseren Gehörganges und das Trommelfell versorgt.
Es wären somit Sympathien des weichen Gaumens und des Trommelfells mit seinem Spannmuskel, der Paukenhöhlen-Auskleidung und der
Haut des äusseren Gehörganges, aller dieser Theile unter sich und
mit dem übrigen Nervensystem durch den Ohrknoten vermittelt und
erklärt.

Genaueres über dieses von practischer wie physiologischer Seite noch zu
wenig beachtete Ganglion siehe in *Fr. Arnold's* anatomisch-physiologischer
Abhandlung „über den Ohrknoten" (Heidelberg 1828) und dessen Handbuch
der Anatomie II. 2. S. 908, dem auch die obigen kurzen Angaben im Wesentlichen entnommen sind.

Beim chronischen Catarrh des Mittelohrs, namentlich der mit
Adhäsionen des Trommelfelles einhergehenden Form beobachtete ich
öfter Allgemeinstörungen ganz eigenthümlicher Art, welche, nachdem
sie den verschiedenartigsten, selbst eingreifendsten Allgemeinbehand-
lungen gegenüber sich ganz gleichgültig verhalten hatten, unter einfach
localer Behandlung des Gehörleidens mittelst Luftdouche, Eintreiben
warmer Dämpfe durch den Katheter in die Paukenhöhle u. dgl. sich
verloren. Diese Erscheinungen bestanden in fortwährendem Gefühl
von Druck und Schwere im Kopf mit zeitweiligen Schwindelanfällen,
verbunden mit einer gewissen Unfähigkeit, die Gedanken zu fixiren

oder die geringste geistige Beschäftigung, z. B. Schreiben oder Lesen, welche früher stundenlang betrieben wurden, länger als einige Minuten fortsetzen zu können. Oefter drückten sich Patienten aus: „das Denken würde ihnen immer schwerer“. Bei Manchen steigerten sich diese krankhaften Empfindungen im Kopfe zu den intensivsten ausgebreiteten Kopfschmerzen, welche sich entweder sehr häufig — in einem Falle täglich mehrere Male — von selbst oder nach der geringsten Anstrengung einstellten. Dass diese krankhaften Zustände mit gewissen Veränderungen im Ohre zusammenhingen, das bewies unzweideutig das Verschwinden derselben bei ausschliesslich localer Behandlung des Ohres und zwar trat dieser Erfolg sogar einigemal ein, wo die Schwerhörigkeit selbst dabei wenig oder gar nicht gebessert wurde. Gehen wir zur Erklärung dieser Thatsachen auf die das Ohr versorgenden Nerven zurück und wollen sie nicht etwa auf einen abnormen Druck beziehen, welcher vielleicht von Seite des Steigbügels auf das Labyrinthwasser ausgeübt wurde, so müssten wir zuerst an den Plexus tympanicus des Sympathicus oder an das Ohrganglion denken.

§. 31.

Die Chorda tympani des Facialis verläuft wohl längs der äusseren Paukenhöhlenwand, gibt aber nach den Angaben der bewährtesten Forscher kein Aestchen dort ab, und scheint sich somit zu dieser Cavität nur als Passant zu verhalten. Dagegen ist es hier am Platze, gewisse Erscheinungen zu betrachten, welche beim Faradisiren des Ohres zu beobachten sind.

Lassen wir einen mässig starken Induktionsstrom auf das Gehörorgan einwirken, so fühlen die meisten Kranken neben einer eigenthümlichen Hörempfindung („Kochen, Brummen, Flattern einer Fliege“) und einem verschieden starken schmerzhaften Stechen im Ohre selbst noch ein „Prickeln“, ein „schmerzhaftes Zusammenziehen“ auf der entsprechenden Zungenhälfte, welches in der Regel nicht bis zur Zungenspitze vorgeht, sondern eine Strecke vorher schon aufhört. Nur sehr selten und gewöhnlich erst bei stärkeren Strömen, wie ich sie nur versuchsweise am Ohre anwende, dehnt sich diese Empfindung auch auf die Zungenspitze aus.

Alle Beobachter, so *Duchenne, Erdmann, Baierlacher*, stimmen darin überein, dass diese Zungenempfindung von der galvanischen Reizung der an der Innenseite des Trommelfells verlaufenden Chorda tympani herrühre, welche bekanntlich bald nach ihrem Austritt aus der Glaser'schen Spalte sich mit dem Lingualis des Quintus vereinigt.

Diese beiden Nerven legen sich nicht einfach an einander, wie dies mehrfach angegeben wurde, sondern finden sich im ganzen Verlaufe der Chorda längs des Lingualis fortwährend Verbindungsfasern zwischen ihnen. „Zahl und specielle Anordnung derselben ist sehr verschieden, im Allgemeinen aber ist die Verbindung der beiden Nerven um so inniger, je weiter nach vorn zu man vorschreitet." So *Bose* in seiner tüchtigen Inaugural-Dissertation „über das Ganglion maxillare des Menschen" (Giessen 1859), wo diese Verhältnisse genauer beschrieben und abgebildet sind.

Vor Kurzem war ich in der Lage, den Einfluss der Chorda auf die Zunge experimentell am Menschen bestätigen zu können. Ich hatte aus dem Gehörgange eines jungen Mannes mehrere polypöse Excreszenzen entfernt, und schlüsslich lag das Trommelfell stark gewulstet und an seiner hinteren oberen Parthie spaltförmig perforirt vor mir. Als ich dasselbe von dem daraufbefindlichen Eiter und Blut mittelst eines Pinsels reinigte, gab der Kranke plötzlich eine sehr lebhafte Empfindung auf der Zungenspitze derselben Seite an, und bei abermaliger Untersuchung sah ich deutlich hinten oben am Trommelfell, da wo es perforirt war, einen weissen Punkt, welchen ich nach Aussehen und nach Lage durchaus als der hier blosliegenden Paukensaite angehörend erklären muss. Ich drehte nun meinen Pinsel in eine sehr feine Spitze aus, und nur, wenn ich damit diesen weissen Punkt berührte, gab der Kranke — aber augenblicklich — die sehr deutliche Empfindung auf der Zungenspitze an, welche er als eine „eigenthümliches Stechen" beschrieb, als ein „Erzittern, ähnlich, wie man es beim Bremsen der Wägen auf der Eisenbahn fühlt." Stets blieb dieses Gefühl auf die Spitze der Zunge beschränkt, und stellte der sehr verständige Patient, auch auf mein Befragen, jede Geschmacksempfindung dabei in Abrede.

Baierlacher *) gibt an, dass bei Einwirkung der Induktions-Elektrizität auf das Trommelfell stets, „wenn die Ströme nicht zu schwach sind, ein unangenehmer, metallischer Geschmack auf der Zunge" sich einstelle. Auch ich fand dies öfter, indessen weit häufiger entstand, selbst bei stärkeren Strömen, durchaus keine Geschmacksempfindung, sondern nur das erwähnte „Stechen" in der Zunge; ebenso nennen nicht alle Kranken den Geschmack einen „metallischen", manche bezeichnen ihn als „pappig", als „zusammenziehend", als „prickelnd wie Champagner". — Allein auch die Zungen-Empfindung kommt nicht immer zum Vorschein, und während sie von Vielen bei der leisesten Stromstärke sehr deutlich angegeben wird, fehlt sie

---

*) „Die Inductions-Electricität in physiologisch-therapeutiscser Beziehung." Nürnberg 1857 S. 97.

wiederum vollständig bei Anderen, man mag einen mässigen oder selbst einen sehr starken Strom anwenden. Dagegen erklärten nahezu constant diese Kranken, welche keine Zungen-Empfindung hatten, den gewöhnlich nur unbedeutenden Schmerz im Ohr für sehr heftig, selbst bei der geringsten Intensität des Stromes, so dass es mir fast scheint, als ob hier ein eigenthümlich alternirendes Verhältniss zwischen Empfindung auf der Zunge und Schmerz im Ohre vorliege. Dieser Schmerz im Ohre selbst, beim Elektrisiren, rührt jedenfalls von den sensiblen Trigeminuszweigen her, welche, wie wir im § 7 und § 20 gesehen haben, den Gehörgang und die äussere Fläche des Trommelfelles in ziemlich reichlicher Weise versorgen.

Ich gestehe, das Nichtvorkommen der Zungen-Empfindung bei manchen Individuen hat mir etwas durchaus Räthselhaftes. *Philipeaux* in Lyon *) legt derselben eine sehr grosse diagnostische Bedeutung bei, indem sie nach ihm nur in solchen Fällen zum Vorschein komme, deren Schwerhörigkeit durch eine allgemeine oder örtliche Behandlung heilbar sei, dagegen fehle sie bei Unheilbaren durchaus. Es wäre freilich äusserst angenehm, wenn wir ein Mittel besässen, um unheilbare und heilbare Schwerhörigkeiten von vornherein unterscheiden zu können, und würde man sich dadurch in der Ohrenpraxis manche vergebliche Mühe ersparen. Mit Thatsachen kann man vorläufig nichts für und nichts wider diesen Satz beweisen; allein es lässt sich nicht recht einsehen, wie die Paukensaite zu einer solchen Bedeutung käme, und so mancherlei Funktionen dieser eigenthümlichen Verbindung zwischen Facialis und Trigeminus schon zugewiesen wurden, mit dem Gehöre, resp. dem Nervus acusticus wurde sie noch nie in irgend eine Beziehung gesetzt. Es wäre interessant, zu erfahren, ob nicht vielleicht auch bei ohrengesunden Individuen diese Zungen-Empfindung sich verschieden verhielte.

Beim Faradisiren des Ohres lasse ich den Kranken den Kopf möglichst wagrecht halten, fülle den Gehörgang mit lauem Wasser und tauche nun einen mit Guttapercha umgebenen, nur an der Spitze freien dünnen Metallstab in das Wasser, während der andere Conductor mit einer gekrümmten Platte auf den befeuchteten Warzenfortsatz aufgesetzt wird. *Duchenne* lässt den ersten Conductor als Drath in einem Elfenbeintrichter verlaufen, welcher wie ein zangenförmiger Ohrenspiegel gebaut ist. Die erstgenannte Vorrichtung ist jedenfalls einfacher und entspricht sie dem Zwecke vollständig, indem auch so die Wände des Gehörganges vor schmerzhafter Berührung geschützt sind. —

Duchenne und *Erdmann* rathen, den Gehörgang nicht ganz, sondern nur halb mit Wasser zu füllen, indem sonst die Vornahme viel schmerzhafter sei

---

*) Bulletin général de thérapeutique. 30. Novbr. 1857.

und benachbarte Nervenbahnen, der R. temporalis des Quintus und der Facialis, mitergriffen würden. Meine Erfahrungen und eigens hiezu angestellte Versuche bestätigen diese Ansicht nicht.

§. 32.

Der Warzenfortsatz

besteht bei Individuen mittleren Alters im Inneren aus luftgefüllten zelligen Räumen, welche mit der Paukenhöhle in Verbindung stehen und mit einer zarten Schleimhaut ausgekleidet sind. Ihre Grösse, Anordnung und Ausdehnung, sowie die Dicke der sie trennenden Knochenplättchen sind ungemein grossen Verschiedenheiten unterworfen, so dass sich hierin fast jeder Zitzenfortsatz anders verhält. Vor der Pubertät ist derselbe weniger entwickelt und wird er in der Kindheit von schwammigem Knochengewebe ohne grössere Hohlräume gebildet; im höheren Alter verschwinden diese wiederum ziemlich häufig und findet sich dann oft eine kaum von Hohlräumen unterbrochene dichte Knochenmasse. In anderen Fällen sind bei Greisen alle luftführenden Räume im Schläfenbeine gerade auffallend stark entwickelt. Auch die Dicke der äusseren Knochenlamelle ist sehr verschieden, sie variirt nach *Arnold* von $\frac{1}{4}'''$—$3'''$.

Auf diese Ungleichheit im Knochenbau ist es jedenfalls am meisten zu beziehen, wenn bei sonst gleicher Hörschärfe eine an den Processus mastoideus gehaltene Uhr von dem Einen scharf, von dem Zweiten undeutlich, von dem Dritten gar nicht gehört wird und wenn viele Individuen eine an den Knochen hinter dem Ohre angedrückte Uhr nicht hören, obwohl sie dieselbe an die Ohrmuschel oder selbst in einiger Entfernung vom Ohre gehalten noch gut vernehmen. Letzteres kommt namentlich häufig bei älteren Leuten vor, indessen manchmal auch bei jungen Individuen. Oft hört Jemand die Uhr auch nur an einzelnen Stellen des Warzenfortsatzes und muss man dieselbe daher immer an verschiedene andrücken, oder hört sie von der dünnen Schläfenschuppe, während er sie vom Processus mastoideus aus nicht vernimmt. Sehr oft hebt sich das Hören vom Knochen aus unmittelbar nachdem man durch Einspritzen in den Gehörgang oder Einblasen in die Paukenhöhle irgend ein mechanisches Impedimentum audiendi weggeschafft d. h. das Hören überhaupt verbessert hat. Man kann daher aus dem Hören einer Uhr vom Knochen, der „Kopfknochenleitung", nicht einmal Schlüsse über die Hörschärfe im Allgemeinen fällen, weil die Dichtigkeit des Knochengewebes im einzelnen Falle uns unbekannt ist, geschweige denn, dass man daraus Anhaltspunkte gewänne über das Vorhandensein bestimmter Erkrankungsformen, etwa eines nervösen Leidens. Alles was hierüber *Erhard* in neuerer Zeit aufgestellt hat, hält einer nüchternen Beobachtung und einer besonnenen Kritik gegenüber durchaus nicht Stich, ebenso wie seine Labyrinthkrankheiten, deren wesentlichstes Symptom in der „Beeinträchtigung der Kopfknochenleitung" liegt, keine andere Grundlage haben, als die üppige Phantasie des Autors. Richtig ist dass Jemand, der scharf, normal hört, immer auch die Uhr von den Kopfknochen aus vernimmt, — sein Knochenbau mag noch so ungünstig für die Schallleitung sein, — so gut er eben auch ein Geräusch durch mehrere Zimmer und unter erschwerenden Umständen wahrnimmt. Ein weniger gut Hörender wird bei demselben ungünstigen Knochenbau die Uhr kaum mehr und ein Dritter sie gar nicht mehr vom Knochen aus vernehmen. Bei allen Dreien kann aber der Gehörnerv gleichmässig gesund und der Unterschied nur in einer verschiedenen Leistungsfähigkeit des schallverstärkenden Apparates im Allgemeinen gelegen sein. Hört Jemand aber die Uhr vom Knochen, während er sie sonst nicht vernimmt, so folgt wiederum weiter nichts, als dass sein Hörnerve diesen Schall noch percipirt. Ob der Hörnerve absolut gesund, vermag man daraus durchaus nicht abzunehmen und fand ich mehrmals bei Individuen, deren Schwerhörigkeit ich nach allen Gründen der Wahrscheinlichkeit für eine nervöse erklären muss, dass sie selbst eine leise schlagende Cylinderuhr vom Processus mast. aus ganz gut hörten. —

Die Zellen des Warzenfortsatzes sind nicht immer gleich entwickelt auf beiden Seiten, und fand ich öfter bei einseitiger Verdickung der Schleimhaut der Paukenhöhle den Processus mastoideus derselben Seite auffallend kleinzellig, mehr massiv, während er auf der anderen Seite mehr und grössere Hohlräume besass. Vielleicht kann man bei grosser Uebung durch die Percussion sich allmählig ein Urtheil über den Grad der Lufthältigkeit oder Dichtigkeit der Knochens hinter der Ohrmuschel verschaffen.

Hyrtl und *Andr. Retzius* machen (a. §. 23. a. O.) auf eine nicht selten vorkommende Verdünnung, selbst Lückenbildung an den verschiedenen äusseren Begränzungsflächen des Warzenfortsatzes aufmerksam. So findet sich die Wand nach hinten gegen den Sulcus sigmoideus des Sinus transversus, und die nach oben gegen den Sulcus petrosus superior mit dem gleichnamigen Sinus öfter durchscheinend verdünnt oder selbst durchlöchert. Diese Abnormitäten könnten bei Entzündungen im mittleren Ohre von grosser Wichtigkeit werden, indem die dünnen knöchernen oder selbst nur membranösen Scheidewände eine Fortpflanzung des Processes auf die Venenräume der Dura mater sehr leicht gestatten würden. Dieselbe

Rarefication zeigt sich zuweilen auch an der äusseren Lamelle des Processus mastoideus und wird dadurch das Zustandekommen mancher von der Ohrgegend ausgehender subcutaner Emphyseme erklärt, welche entweder spontan oder nach geringgradigen Verletzungen sich ausbildend zuweilen über einen grossen Theil des Kopfes sich erstrecken und durch Luft hervorgerufen werden, welche aus den Zellen des Zitzenfortsatzes unter das Pericranium und in das umgebende Zellgewebe sich gedrängt hat. Aehnliche Emphyseme hat man auch an der Stirne nach Verletzung der vorderen Wand des Sinus frontalis auftreten sehen und liesse es sich denken, dass, wenn ein Individuum mit solchem Defect in der äusseren Lamelle des Warzenfortsatzes katheterisirt würde, ohne jedes Verschulden des Arztes die Wirkung der Luftdouche leicht über die ganze Gesichtshälfte sich ausdehnte.

Ueber diese emphymatösen Geschwülste siehe ausser *Hyrtl* noch die Angaben des Prof. *Costes* in Bordeaux, welche auszugsweise in der Wiener med. Wochenschrift 1859 Nr. 51. mitgetheilt wurden — Der Warzenfortsatz ist einer von jenen Theilen, wo der ursprüngliche Knorpel sehr spät verschwindet; noch am siebenmonatlichen Kinde zieht sich dicht vom hinteren Umfange des Annulus tympanicus ein dünner knorpeliger Ueberzug über den vorderen Theil der Zitze. Zu derselben Zeit besteht auch der Processus styloideus noch aus einem sehr langen (13 Mm.) opalisirenden Knorpelstreifen, welcher von einer derben sehnigen Scheide beweglich eingeschlossen ist.

§. 33.

Die Anbohrung des Warzenfortsatzes behufs Einspritzungen in das mittlere Ohr, welche in der zweiten Hälfte des vorigen Jahrhunderts vielfach ausgeführt wurde, ist als Mittel gegen Taubheit mit Recht in Verruf gekommen. Ich sage als Mittel gegen Taubheit, dagegen hat sie jedenfalls einen sehr grossen, häufig lebensrettenden Werth, wo es sich darum handelt, einer Eiteransammlung im Mittelohre, und insbesondere in den Zellen des Zitzenfortsatzes einen Ausweg zu verschaffen.

Wir sehen nicht gar selten, dass mit gefährlichen Allgemein-Erscheinungen verlaufende Otitisformen plötzlich unter Abszessbildung hinter dem Ohre und reichlicher Eiterentleerung daselbst eine günstige Wendung nehmen, und Fälle, wo bleibende Oeffnungen und geheilte Fisteln im Warzenfortsatze Zeugniss von einem solchen Vorgange ablegen, welcher manchmal aus den ersten Lebensjahren her datirt, habe ich schon in grösserer Anzahl beobachtet. Es fragt sich nun, soll man einen solchen Ausgang, dessen unmittelbar günstigen Einfluss auf den ganzen Krankheitsverlauf man nicht selten constatiren

kann, nicht in gewissen Fällen künstlich herbeiführen, und so die bei
Abszessen im Allgemeinen übliche chirurgische Behandlung auch auf
Eiteransammlungen im Ohre anwenden?

Entgegen dem allgemeinen Verdicte der Anatomen und Chirurgen,
welche die Eröffnung des Processus mastoideus als eine unter keinen
Verhältnissen zu rechtfertigende Operation verwerfen, bin ich der
Ansicht, dass für dieselbe eine sehr bestimmte Anzeige besteht,
unter welcher sie stets gemacht werden sollte und dass es Umstände
gibt, unter welchen sie allein im Stande ist, das Leben des Kranken
vor den ernstesten Gefahren zu retten. Es ist dies, wie gesagt, bei
Eiterbildung im Mittelohre und namentlich bei Abszessen in den
Zitzenzellen, welchen, auch bei bestehender Durchlöcherung des Trommelfelles, auf keine andere Weise eine genügende Entleerung nach
aussen verschafft werden kann, und wo die Symptome zu dringend
sind, als dass man auf einen freiwilligen Aufbruch des Abszesses,
etwa unter dem befördernden Einflusse von Cataplasmen, warten
dürfte. Sieht man die einschlagende Literatur durch, so zeigt sich
auch, dass die Folgen der Operation stets, wo sie unter solchen In-
dicationen gemacht wurde, überraschend günstig ausfielen. Obwohl
mir kein Fall bekannt ist, wo sie — unter solchen Anzeigen ausgeführt — einen üblen Ausgang herbeigeführt hat, so versteht sich
von selbst, dass ich die Durchbohrung eines manchmal ziemlich dick-
wandigen Schädelknochens keineswegs für eine gleichgültige Operation
halte. Man trepanirt indessen das Schädeldach in Fällen, wo man
einen Abszess in der Nähe nur vermuthet, in Fällen, wo man sich
sagen muss, dass möglicherweise die Hauptverletzung des Knochens
an einem ganz anderen Orte, etwa an der Schädelbasis, sich befindet;
um wie viel mehr dürfen wir vor der Eröffnung eines Schädelknochens
nicht zurückschrecken, wenn wir mit Sicherheit sagen können, dass
wir dadurch einer Eiteransammlung freien Ausweg verschaffen, welche
dem Kranken nicht nur die fürchterlichsten Schmerzen und Qualen
bereitet, sondern auch vermöge ihrer Lage und der Nähe des Gehirnes, der Dura mater und ihrer Venenräume den Tod des Kranken
leicht herbeiführen wird. Die Gefahren einer solchen Operation sind
indessen keineswegs denen der Trepanation gleichzustellen, indem
wir bei richtiger Technik die Dura mater nicht bloslegen und den
Sinus transversus mit Sicherheit vermeiden. Es geschieht dies, wenn
wir nach Bloslegung des Knochens durch einen Hautschnitt einige
Linien hinter der Ohrmuschel, in gleicher Höhe mit der Ohröffnung,
das Perforativ wagrecht, aber etwas nach vorne gerichtet wirken
lassen. Um den in den zahlreichen Zellen des Knochens abgelagerten,

meist dicklichen Eiter, welchem man selbst bei bestehender Trommel-fellperforation vom Gehörgange aus nicht genügend beikommen konnte, in grösserer Menge zu entfernen, müsste man sodann in der Regel laues Wasser in schwachem Strahle durch die neue Oeffnung ein-spritzen. In dem einen Falle, in welchem ich bei ausgebreiteter Otitis nach Scharlach mit sehr bedenklichen Gehirnerscheinungen und deutlicher Entzündung des Processus mastoideus zuerst einen die Weichtheile spaltenden Einschnitt auf denselben machte, und später den mürben Knochen selbst durchbrach, dadurch dem Eiter freien Ausgang und der ganzen Krankheit eine andere Wendung gab, spritzte ein ziemlich beträchtliches Gefäss, ein Ast der in dem Anheftungs-winkel der Muschel verlaufenden Art. auricularis posterior. Eine solche Blutung, der man aber durch Torsion oder Unterbindung augenblicklich Herr werden kann, wird man nie vermeiden können und dürfte man schon der reichlichen Blutentleerung wegen in man-chen Fällen vor der Durchbohrung des Knochens versuchen, ob nicht ein Haut und Periost durchdringender, mit der Ohrmuschel parallel geführter ausgiebiger Einschnitt auf die Entzündung des Zitzenfort-satzes und die örtlichen wie allgemeinen Erscheinungen günstig ein-wirkte. Ein solcher kräftiger Einschnitt daselbst wurde namentlich von *Wilde* in Dublin dringend in allen Fällen empfohlen, wo zu einer Otitis deutliche Schmerzhaftigkeit des Proc. mastoideus dazutritt und so die Ausbreitung der Entzündung auf das Knochengewebe angezeigt wird. Bei jeder Ohrenentzündung sollte man überhaupt die Region hinter dem Ohre durch einen starken Druck untersuchen und sich von ihrem Aussehen und ihrer Schmerzhaftigkeit überzeugen. —

Auf dem Warzenfortsatze, hinter und unter dem Ohre, unmit-telbar über dem Ansatze des Sternocleidomastoideus liegen ein oder mehrere Lymphdrüsen (Gland. subauriculares nach *Arnold*), welche bei Ohrenentzündungen, aber auch ohne solche manchmal anschwel-len und gegen Druck empfindlich werden, zuweilen selbst abszediren.

Der Zitzentheil des Schläfenbeins besitzt eine Reihe seine Sub-stanz durchdringender Gefässkanäle, welche theils den Rami perforantes der Art. meningea media, theils den vasa emissaria Santorini ange-hörend, für Blutentziehungen an diesen Theilen insoferne von Be-deutung sind, als durch sie die Arterien und Venen an der Aussen-seite des Schädels mit der Dura mater und ihren Sinussen in directer Verbindung stehen.

Die Zellen dicht hinter der Paukenhöhle finden sich unter allen Hohlräumen des Warzenfortsatzes am constantesten gross und erhalten, wie sie beim Kinde auch am frühzeitigsten entwickelt sind.

Malgaigne in seinem Manuel de médecine operatoire findet in Obliteration
des äusseren Gehörganges und daher stammender Taubheit eine Indication für
Eröffnung des Proc. mastoideus, setzt aber allerdings bei, es möchte sehr
schwierig sein, die künstliche Oeffnung offen zu erhalten. —

Den ersten Vorschlag, die Apophysis mastoidea mit einem feinen Pfriemen
zu durchbohren und zwar in Fällen, wo Taubheit und Ohrensausen von einer
Verstopfung der Eustachischen Trompete herrühre, machte *Riolan* der Jüngere
(1649.) *Morgagni* erhob sich dagegen, indessen hauptsächlich, weil er der
irrthümlichen Ansicht war, die Zellen öffneten sich nicht gegen die Paukenhöhle, sondern seien verschlossen. *Valsalva* (1704) scheint der Erste gewesen
zu sein, welcher durch eine bereits bestehende Fistelöffnung hinter dem Ohre
Einspritzungen machte und einen Mann so von einer langbestehenden eiternden
Ohrenentzündung heilte. Der Regimentschirurgus *Jasser* endlich durchbohrte
1776 halb zufällig mit der Sonde einen cariösen Warzenfortsatz, nachdem er
dessen Haut durchschnitten hatte und befreite dadurch und durch nachfolgende
Einspritzungen einen Soldaten von den fürchterlichsten Schmerzen, einem
wochenlangen fieberhaften Zustande und einer langjährigen Otorrhö. Derselbe
wiederholte dann die Anbohrung des Zitzenfortsatzes mit einem Troicart unter
anderen Verhältnissen und beschrieb sein Verfahren, was daher den Namen
Jasser'sche Operation erhielt. Nachher wurde dieselbe von mehreren Aerzten
versucht und zwar nur bei chronischer Taubheit ohne Otorrhö. Mehrere Kranke
erhielten ihr Gehör wieder, Keinem erwuchs ein besonderer Schaden, so dass
die Durchbohrung des Warzenfortsazes für eine oft nützliche und durchaus
ungefährliche Operation galt, bis der dänische Leibarzt *Berger*, einer mit
lästigem Sausen einhergehenden Taubheit überdrüssig, sich dieselbe selbst ver-
ordnete, indessen bald darauf an Meningitis starb. Seitdem (Ende des vorigen
Jahrhunderts) ist dieses Verfahren in Misscredit gekommen.

Die theilweise sehr lesenswerthe Casuistik und Literatur über diesen Gegenstand findet sich zusammengestellt im 4. Hefte von *Linke*'s „Sammlung aus-
erlesener Beobachtungen und Abhandlungen aus dem Gebiete der Ohrenheilkunde".
Leipzig 1840.

§. 34.

Die Eustachische Ohrtrompete,

nach den meisten Forschern Residuum der ersten embryonalen Kiemen-
spalte, vermittelt die Verbindung zwischen Rachen- und Paukenhöhle.
Sie gleicht in ihrer Zusammensetzung dem äusseren Gehörgange,
indem auch sie in einen knöchernen und einen knorpeligen Abschnitt
zerfällt. Doch ist hier das Längenverhältniss der einzelnen Theile
ein umgekehrtes; während beim Gehörgange der knorpelige Kanal
nur Ein Drittel des Ganzen ausmacht, beträgt er bei der Tuba zwei
Drittel, ist somit weit grösser als der knöcherne Theil. Die mittlere
Länge der Tuba Eustachii misst etwa $1\frac{1}{4}$ Zoll, genauer 35 Mm.,
wovon 24 auf den knorpeligen, 11 auf den knöchernen Abschnitt
treffen. Während der unterste Theil der Tuba als ein vorstehender

6*

Wulst in die Rachenhöhle seitlich hineinragt, geht der Knorpel nach oben ohne scharfe Gränze in die faserknorpelige Masse am Schädelgrunde über.

Ihre Gestalt ist die eines plattgedrückten Doppelkegels, dessen Spitzen an einander stossen. Sie ist somit dort, wo der Knorpel an den Knochen sich ansetzt, am engsten und erweitert sich von da nach beiden Richtungen, so dass die beiden Mündungen, Schlund- und Paukenöffnung am weitesten sind. Wegen ihrer seitlich plattgedrückten Form ist sie allenthalben höher als sie breit ist und hat sie nirgends ein rundliches, sondern stets ein dreieckiges oder längsovales Lumen. An ihrer weitesten Stelle, dem Ostium pharyngeum misst sie 9 Mm. in die Höhe und 5 Mm. in die Breite, am Ostium tympanicum 5 Mm. in die Höhe und 3 Mm. in die Breite. Ihre engste Stelle am Beginn des letzten Drittel oder des knöchernen Kanales ist 2 Mm. hoch und kaum 1 Mm. breit (nach *Huschke* $\frac{1}{3}-\frac{1}{4}$''' breit und $1\frac{1}{2}$''' hoch) also ungemein enge, woran man sich bei der Wahl der durchzuführenden Sonden oder Darmsaiten zu erinnern hat.

Wenn auch die beiden Theile der Tuba nicht genau in Einer Geraden liegen, sondern ihr Verlauf im Ganzen ein schwach ∽förmiger ist (dessen stärkste Krümmung am Uebergang der beiden Abschnitte in einander gelegen) so wurde mit Unrecht die Möglichkeit des Einführens von Instrumenten durch dieselbe in die Paukenhöhle geläugnet. Ich habe mich beim Gebrauche von Darmsaiten und von zarten Fischbeinsonden, an welchen man vorher die Länge des Katheters und der Tuba bezeichnen muss, mehrfach überzeugt, dass dieselben in der That in die Paukenhöhle eindringen, und gibt hievon einmal das Gefühl der Patienten Rechenschaft, welche sehr genau angeben können, ob sie eine Sonde „im Halse" oder „im Ohre" empfinden, dann auch die Untersuchung vom Gehörgange aus, indem sich in der Regel die Sonde hinter dem Trommelfell bemerklich macht. Sie dringt indessen keineswegs durch dasselbe hindurch in den Gehörgang, wie dies behauptet wurde; Versuche an der Leiche zeigen, dass eine solche durch die Tuba vorgeschobene biegsame Sonde unter der Sehne des Musculus tensor tympani in die Paukenhöhle eindringt, und an der Innenfläche des Trommelfelles vorwärtsgehend, den Hammergriff und den Ambosschenkel kreuzt, dann dicht über dem Ambos-Steigbügel-Gelenk in die Zellen des Warzenfortsatzes dringt. Durch stärkeres Heben und öftere Bewegungen konnte ich sie auch auf das genannte Gelenk zu und selbst unter dasselbe schieben, worauf sie sogleich nachher an die hintere Wand anstiess und nicht weiter vordringen konnte. Hiebei sieht man die Sonde von aussen hinter dem Trommelfell durchscheinen, ungefähr in der Mitte des vorderen Randes desselben oder etwas höher und von unten nach oben gegen die Mitte des Griffes zu gehen. Es beweist dies wiederum, was wir schon früher gesehen haben, dass das Orificium tympanicum tubae viel höher als der Boden der Paukenhöhle, ebenso hoch etwa als der Eingang in die Zitzenzellen liegt, am Boden daher um so leichter Secret zurückbleiben und sich zersetzen kann. Weiter ergibt sich aus der Betrachtung dieser anatomischen Verhältnisse, dass bei dem Verlaufe der Tuba von unten nach oben nur dann Flüssigkeit durch dieselbe in die Paukenhöhle eingespritzt werden kann, wenn dies mit einer gewissen Gewalt geschieht, dass sie dann aber grösstentheils in die Zellen des Warzenfortsatzes getrieben wird, während ein anderer Theil bei der Enge der Trompete leicht gar nicht soweit kommt, sondern in den Schlund zurückfliesst, indem ja der Katheter nie luftdicht von der Rachenmündung umschlossen wird. Ich halte daher Einspritzungen medikamentöser Stoffe in die Paukenhöhle, wie sie noch häufig geübt werden, im Allgemeinen für wenig geeignet; man kann nie mit Bestimmtheit sagen, wie viel davon wirklich dorthin gelangt, wie viel in den Schlund zurückfliesst oder in den Warzenfortsatz getrieben wird; für eine gleichmässige Vertheilung über die Wände der Paukenhöhle kann man wiederum nicht sorgen, so dass der eine Theil möglicherweise gar nicht von ihr berührt wird, ein anderer vielleicht eine sehr starke Dosis bekommt und schliesslich am Boden der Paukenhöhle und in den übrigen Vertiefungen, z. B. am runden Fenster sich sammelt, was überhaupt eingedrungen ist. Stärkere Lösungen, z. B. von Kali causticum, welche mehrfach empfohlen sind, könnten an solchen Orten, wo sie liegen bleiben, direct schädlich, corrodirend einwirken. Dies bei der Benützung einiger weniger Tropfen Fluidum, wie es von Ohrenärzten gewöhnlich geschieht. Spritzt man dagegen grössere Mengen Flüssigkeit ein, welche gewissermassen die Paukenhöhle erfüllen und ausspülen sollen, so kann man, auch wenn man nur Wasser nimmt, bei der Zartheit der Theile damit sicherlich leicht Schaden anrichten, und zeigen einige ganz neue, in rhinoskopischer Beziehung höchst interessante Mittheilungen von *Dauscher* in der Zeitschrift der Wiener Aerzte (1860. N. 38), welche heftige Wirkungen solche Einspritzungen hervorzurufen vermögen. Eine Patientin wurde nach dem Einspritzen von lauem Wasser in die Paukenhöhle von einem zwei Stunden anhaltenden Schwindel ergriffen, in einem andern Fall gesellten sich nachher zur Taubheit periodische Ohrenschmerzen.

Die mit solchen Injectionen erzielten Erfolge wären jedenfalls sicherer und von weniger unangenehmen Erscheinungen begleitet gewesen, wenn der Wiener College einfach Luft durch den Katheter mit all- mälig gesteigerter Kraft eingeblasen und später, nachdem der Zugang zur Paukenhöhle freier geworden und die Luft stark ins Ohr gedrungen wäre, die restirende Auflockerung oder „Blennorrhoe" der Schleim- haut des Mittelohres durch Applikation geeigneter Dämpfe behandelt hätte.

Will man medikamentöse Stoffe durch den Katheter auf Tuba und Paukenhöhle einwirken lassen, so muss man nach meiner An- sicht dieselben im luftförmigen Aggregatzustande, als elastisch-flüssig, anwenden, also als Gase, Dünste und Dämpfe. Es ist richtig, die Auswahl der Stoffe wird dadurch beschränkter, allein ihre Applikation gewinnt auf diese Weise wesentlich an Sicherheit und bleibt doch noch eine grosse Reihe von Körpern übrig. So ausser den Gasen, wie die von *Ruete* zuerst empfohlene Kohlensäure, alle verdampfbaren Flüssigkeiten und Stoffe vom wichtigsten dem Wasser an, welches in den verschiedensten Temperaturen benützt werden kann, bis zu den Harzen, dann alle flüchtigen Körper, vom Jod bis zu den Aether- arten, endlich noch alle sublimirbaren Salze, wie die Ammoniaksalze, unter welchen der Salmiak seit *Giescler*'s Empfehlung*) fast allgemein zu Inhalationskuren bei Catarrhen in Aufnahme kam und auch beim Ohrencatarrh unzweifelhaft gute Dienste leistet. Bei Applikation von Dämpfen durch den Katheter müssen wir uns jedoch erinnern, dass die Tuba eine Strecke lang ungemein enge ist, und für gewöhnlich das Lumen derselben durch ein schwaches Aneinander- liegen der Schleimhautflächen jedenfalls noch mehr verringert ist, dass ferner die Dämpfe die Schleimhaut durchfeuchten oder schwellen machen, somit selbst ein weiteres Moment der Verengerung der Eustachischen Röhre abgeben. Da wir es nun hier nie mit kochenden Flüssigkeiten zu thun haben, somit die eigene Spannkraft der Dämpfe nur eine sehr unbedeutende ist, so werden diese nur dann die in der Tuba liegenden Hindernisse überwinden, wenn sie durch eine vis a tergo fortgetrieben werden. Wollen wir daher gewiss sein, dass solche gasförmige Medikationen die Paukenhöhle erreichen und nicht blos den unteren Theil der Ohrtrompete bestreichen, so müssen wir die Vorrichtung zur Entwicklung der Dämpfe mit einem Druckapparat

---

*) „Die therapeut. Anwendung der Dämpfe des Chlor-Ammoniums." Bremer- haven 1857.

in Verbindung setzen, sei es, dass wir hiezu die eigenen Lungen verwenden wollen, oder diese Arbeit einer Compressionspumpe, einem Gebläse, einer Kautschukflasche oder dgl. übergeben. Wenn manche Ohrenärzte den Kranken ruhig neben den Dampf- oder Dunstapparat hinsetzen, ohne für deren Weiterbeförderung zu sorgen, wird dem oberen Theile der Tuba und der Paukenhöhle selbst jedenfalls verhältnissmässig wenig davon zu Gute kommen, zumal wenn die Dünste nicht einmal bis zur Temperatur des Mittelohres erwärmt sind.

§. 35.

Was die Verhältnisse der Tuba beim Kinde betrifft, so wäre noch zu bemerken, dass die Länge der beiden Abschnitte hier weniger stark verschieden, der knöcherne Kanal verhältnissmässig also länger ist, als beim Erwachsenen. Im Ganzen ist sie viel kürzer, dabei aber nicht nur relativ sondern auch absolut weiter an ihrer engsten Stelle; so fand ich an der 15 Mm. langen Ohrtrompete eines siebenmonatlichen Kindes die Weite in der Mitte 3 Mm. Auch ist der Eingang der Tuba in die Paukenhöhle verhältnissmässig viel weiter als beim Erwachsenen, und könnte daher im kindlichen Alter von einem Abfluss eiterigen Sekretes aus der Tuba viel öfter die Rede sein; dagegen ist allerdings dieser Kanal beim Kinde nahezu horizontal gelegen, während er beim Erwachsenen stark von oben nach unten geneigt ist. Die Schleimhaut zeigt häufig ziemlich regelmässig angelagerte Falten; der Knorpel hat noch nicht seine spätere Form, das Orificium pharyngeum tritt weniger in den Schlund hervor und die schmalen Lippen der einfach spaltförmigen Oeffnung liegen gewöhnlich so nahe aufeinander, dass man an der kindlichen Leiche manchmal Mühe hat, sie in der gewulsteten Rachenschleimhaut aufzufinden. Man fühlt daher auch beim Katheterisiren von Kindern die hintere Knorpellippe, welche beim Erwachsenen einen in den Schlund vorspringenden Wulst bildet, weit weniger.

Die Schleimhaut der Ohrtrompete ist eine Fortsetzung der Rachenschleimhaut und zeigt sie an der Schlundmündung auch durchaus denselben Charakter, ist sehr dick, wulstig, faltig und besitzt daselbst eine grosse Menge Schleimdrüsen, deren Oeffnungen man theilweise mit blossem Auge sehen kann. Allmälig wird sie dünner und zarter, um dann gegen das Ostium tympanicum zu wieder bedeutend an Dicke und Gefässreichthum zuzunehmen. Wenn man gewöhnlich sagt, die Schleimhaut der Tuba gleiche einer Serosa, sobald sie die Rachenöffnung verlassen, so ist dies unrichtig, und scheint man die

Aenderung ihres Aussehens in der Nähe des Trommelfells bisher allgemein übersehen zu haben. Dort findet man auch wieder einzelne, ziemlich starke, traubenförmige Schleimdrüschen, während ich in ihrem übrigen Verlaufe bisher vergeblich nach drüsigen Elementen suchte. Es wäre daher leicht gedenkbar, dass beim Ohrencatarrh daselbst durch stärkere Schwellung der Schleimhaut öfter eine Abschliessung zwischen Tuba und Paukenhöhle stattfände, und von hier aus gerade partielle Wucherungen der Schleimhaut häufig ihren Ausgang nehmen. Einen Polypen, der hier seinen Ursprung hatte und durch das Trommelfell in den äussern Gehörgang hineinragte, beschrieb ich a. a. O. Sektion IX.

Die Sekretion der Tuba ist indessen nicht blos an ihren beiden Endpunkten deutlich nachzuweisen, sondern man findet sehr häufig an der Leiche im ganzen Verlaufe derselben ziemlich reichliches Sekret, stets gemischt mit massenhaft abgestossenen zylindrischen Flimmerepithelien, deren Wimpern in der Regel noch lange nach dem Tode sehr gut erhalten sich zeigen. Entsprechend diesem Befunde kann man auch am Kranken beim Einblasen von Luft durch den Katheter sehr häufig Rasselgeräusche vernehmen, und lassen sich solche, welche an der Rachenmündung, und solche welche im Verlaufe der Ohrtrompete entstehen, bei einiger Uebung im Auskultiren des Ohres, sehr gut unterscheiden. Tubenkatarrhe sind sehr häufig, aber noch nie beobachtete ich bis jetzt einen solchen ohne gleichzeitigen Paukenhöhlenkatarrh, und sind die pathologischen Veränderungen, welche der letztere zurücklässt, jedenfalls viel häufiger die Ursache chronischer Schwerhörigkeit. Akute, vorübergehende Verschliessungen der Tuba sind sehr häufig, und kommen fast bei jedem Schnupfen und Rachencatarrh vor, bleibende durch organisirte Produkte bedingte, gewiss unendlich selten. Auffallenderweise fand ich sogar in meinen bisherigen Sectionen neben ausgesprochenem chronischem Paukenhöhlencatarrh die Tuba oft sehr weit und die Rachenmündung ungewöhnlich klaffend. Seitdem es durch die Bemühungen *Czermak's*, dessen Genialität wir die Entdeckung der Rhinoskopie und die erste praktische Verwerthung der Laryngoskopie verdanken, und durch die darauffolgenden Arbeiten *Voltolini's*, *Semeleder's* u. A. ermöglicht ist, auch die Mündung der Tuba und ihre Umgebung in's Bereich der unmittelbaren Anschauung zu ziehen, können wir nun die physiologischen wie pathologischen Vorgänge an diesen Theilen in viel sicherer Weise verfolgen, woraus gewiss auch für die Ohrenkrankheiten und ihre Auffassung ein wesentlicher Gewinn entspringen wird.

Eine Schleimhautklappe im Verlaufe der Tuba, wie sie von einigen älteren Anatomen, als konstant vorkommend, beschrieben wurde, gibt es nach meiner Beobachtung nicht; wohl aber kann sich zuweilen bei krankhafter Wulstung der Schleimhaut, eine Falte derselben nach innen vordrängen und so klappenartig bald der Luft den Zutritt in die Paukenhöhle gestatten, bald die Trompete luftdicht abschliessen. Es kamen mir schon öfter Patienten mit chronischen oder subakuten Katarrhen des Mittelohres vor, welche über einen häufigen, stets mit gewissen Empfindungen im Ohre und mit bestimmten Vorgängen im Halse, häufig auch mit einer konstanten Veränderung der Kopfhaltung einhergehenden, meist plötzlich eintretenden Wechsel im Hören berichteten, und liesse sich hierbei an eine solche abnorme Klappenbildung im Verlaufe der Tuba denken.

Für gewöhnlich müssen wir uns die Wandungen der knorpeligen Ohrtrompete schwach aneinanderliegend, somit den Kanal leicht geschlossen denken, wie dies auch bei andern Kanälen mit beweglichen Wänden, z. B. der Urethra, der Fall ist. Dass es sich dabei um keinen hermetischen Verschluss, sondern nur um ein leichtes Aneinanderliegen handelt, beweisst schon der Umstand, dass ganz schwacher und gewaltloser Luftandrang, wie z. B. beim Ructus, dem Aufstossen stattfindet, häufig genug die Wände von einander entfernt und wir dabei die Luft an's Trommelfell anprallen fühlen. Ein Oeffnen oder eigentlich Erweitern der Tuba tritt jedesmal beim Schlucken ein und lässt sich dieser Vorgang namentlich gut bei der Luftdouche constatiren. Haben wir nämlich bei einem Kranken den Katheter eingeführt und lassen einen Luftstrom in denselben treten, während wir das Ohr mittelst eines elastischen Schlauches oder unmittelbar auskultiren, so hören wir das Eindringen desselben in die Paukenhöhle in dem Momente viel stärker, in welchem der Kranke eine Schlingbewegung macht und fühlt auch dieser selbst in demselben Augenblicke die Luft kräftiger an's Trommelfell anschlagen. Nicht selten kann man sogar bei Patienten mit Wulstung der Tubenschleimhaut bemerken, dass die Luftdouche nur allein im Momente des Schlingaktes durchdringt, während sie sonst die in der Tuba liegenden Hindernisse nicht zu überwältigen vermag. Ich fordere daher stets meine Patienten auf, während der Luftdouche oder während der Applikation von Dämpfen möglichst oft zu schlingen, um die Einwirkung dieser Mittel zu verstärken; indessen verweigern die Gaumenmuskeln sehr bald den Dienst, wenn man ihnen nicht wirklich etwas zum Hinabschlingen gibt. Liegt der Katheter richtig, so ist ihre Thätigkeit ungehindert, dagegen wird dieselbe schmerzhaft und unangenehm, wenn der Katheter an einem falschen Orte die Schleimhaut berührt. Im ersteren Falle lässt sich gewöhnlich eine Bewegung des Katheters aussen wahrnehmen. Am deutlichsten kann man den Einfluss des Schlingaktes auf das Ohr demonstriren, wenn dabei Nase und Mund geschlossen werden; an sich fühlt man dann einen unangenehmen Druck im Ohre, an Andern lässt sich eine kleine Auswärtspressung des Trommelfells beobachten. Diese Erscheinungen erklären sich daraus, dass die beiden am meisten durch ihre Namen berühmten Gaumenmuskeln, der Petro-salpingo-staphylinus oder Gaumenheber und der der Spheno-salpingo-staphylinus oder Gaumenspanner, theilweise ihren Ursprung von der Wandung der Ohrtrompete nehmen.

Der untere Theil der Tuba hat nicht allein knorpelige Wandungen, sondern ist ähnlich dem knorpeligen Gehörgange nach einer Richtung nur von einer Membran geschlossen, wodurch die Fähigkeit einer Streckung, Erweiterung oder auch Verengerung der Röhre jedenfalls um ein Wesentliches vermehrt ist. Während nämlich die zwei Knorpelplatten der Tuba nach innen und oben in einem sehr spitzen Winkel zusammenlaufen, divergiren beide in der Richtung nach unten und aussen und werden daselbst von einer häutigen Hülle geschlossen, welche unten nahezu den dritten Theil des ganzen Umfanges ausmacht, nach oben gegen den Knochen dagegen sich immer mehr verschmälert. An diesem häutigen Theile der Ohrtrompete entspringen nun gerade Fasern des Gaumenhebers und des oberen Schlundhebers, so dass jede Contraktion dieser Muskeln wie jeder Vorgang im Schlunde, wie z. B. Niesen, Gähnen oder Schlingen nothwendigerweise mit einer Bewegung der Wandung der Tuba und somit einer Lumensveränderung derselben einhergehen muss. Daher auch manche Geräusche in der Rachenhöhle, welche man während solcher Aktionen hört, namentlich wenn die Schleimhäute etwas catarrhalisch affizirt und ihre Sekretion vermehrt ist.

So Bedeutendes auch schon über die Muskulatur der Tuba erschienen (siehe hierüber namentlich *Tourtual*'s „neue Untersuchungen über den Bau des menschlichen Schlund- und Kehlkopfes" Leipzig 1845 und *Merkel*'s klassische „Anatomie und Physiologie des menschlichen Stimm- und Sprachorganes" Leipzig 1859) so ist dieselbe doch von Anatomen und Physiologen bisher fast nur als Theil der Gaumenmuskulatur gewürdigt worden, und verdient dieses auch für die Ohrenheilkunde wichtige Kapitel entschieden eine grössere Beachtung und häufigere Bearbeitung. *Tourtual* ist der Meinung, dass der Gaumenspanner und der Gaumenschnürer erweiternd auf die Tuba einwirken, dagegen der Gaumenheber und zwei zuerst von ihm beschriebene Muskeln, welche er Salpingostaphylinus und Angularis tubae nennt, sie verengeren. — Nicht nur an der Wand der knorplichen Tuba setzen sich Muskelfasern an und reichen diese somit bis nahe an die Paukenhöhle; ja es scheint mir sogar manchmal ein Zusammenhang der an der inneren Knorpelkante entspringenden Fasern des Tensor palati mit dem Musculus tensor tympani stattzufinden.

Die Ohrtrompete erhält ihre Gefässe und Nerven theils von oben von der Paukenhöhle, theils von unten vom Schlundkopfe und erweist sich auch insofern als zu beiden Regionen gehörend und als Vermittler zwischen beiden Cavitäten. Von unten bekommt sie Zweige aus der Art. pharyngea ascendens und vom zweiten Aste des Trigeminus (Rami pharyngei des N. Vidianus nach *Valentin*), von oben Zweige von der Art. meningea media und vom Ramus tympanicus des Glossopharyngeus. Arterien und Venen bilden reiche aber sehr feine Netze in der Mucosa *(Arnold)*.

---

§. 36.

III. Das innere Ohr,

wegen seines zusammengesetzten Baues auch Labyrinth genannt, aus dem man sich jedoch leicht herausfindet, wenn man sich nur einmal hinein gefunden hat, wie *Hyrtl* ganz treffend bemerkt. Die Sache ist nicht so verwickelt, als sie aussieht oder vielmehr als sie sich liest, nur ist hier wie überhaupt in der Anatomie zu rathen, dass man sich nicht mit den Beschreibungen der Bücher begnügt, sondern die Theile selbst in die Hand nimmt und nun unter der Hand das Einzelne sich selbst entwickeln lässt. Kindliche Schläfenbeine, wo möglich solche von Neugeborenen oder von Embryonen eignen sich hiezu am besten; eine Darstellung des knöchernen Labyrinthes an solchen ist leicht und mit jedem Federmesser zu bewerkstelligen, indem die Kanäle und Höhlen des inneren Ohres aus weisser felsenharter Masse bestehend, von porösem und anders gefärbtem Knochengewebe umgeben sind, somit sich sehr gut verfolgen und ausschälen lassen. Hat man auf diese Weise einen Ueberblick über den Verlauf der drei Bogengänge und ihren Ausgang vom Vorhofe gewonnen, ferner die Lage von Schnecke und Vorhof zu einander und zum Porus acusticus internus sich zur Anschauung gebracht, so ist man mit dem Wesentlichsten bekannt, indem das häutige Labyrinth sich ebenso wie das knöcherne verhält. — Der Gehörnerve selbst theilt sich im Grunde des inneren

Gehörganges in einen Ast für die Schnecke und einen für den Vorhof, von denen jeder in seine Abtheilung durch siebförmige, feindurchlöcherte Knochenlamellen eintritt (Maculae cribrosae beim Vorhofe, Tractus spiralis foraminulentus bei der Schnecke genannt). Im Vorhofe oder Vestibulum liegen dicht neben einander die beiden Säckchen, das runde und das elliptische, mit welch letzterem die häutige Auskleidung der Bogengänge (Canales semicirculares membranaceae) zusammenhängt. Träger der Nervenendigungen sind letztere nur in ihren erweiterten Anfängen, den Ampullen; ausserdem verästeln sich die Acusticusfasern in der Wand der beiden Säckchen und in dem häutigen Spiralblatte der Schnecke. Hier erst bei der Schnecke beginnt die Sache wirklich labyrinthisch zu werden, und ist die Anordnung der Theile so unendlich verwickelt und ihre Darstellung so schwierig, dass die Endfragen über die feinere Struktur der Lamina spiralis membranacea cochleae noch nicht als erledigt angesehen werden können, obwohl seit den glänzenden Entdeckungen *Corti's* eine Reihe der bedeutendsten Arbeiter dieses Gebiet in Angriff genommen haben. Diese complicirteren Bestandtheile des häutigen Labyrinthes lassen sich nur an frisch getödteten Thieren gut untersuchen, so dass uns die menschlichen Leichen, wie man sie gewöhnlich zur Verfügung hat, nur über die gröberen Verhältnisse Aufschluss geben; an solchen Cadavern findet man häufig genug die Nerven-Endigungen an den Säckchen und Ampullen bereits nicht mehr deutlich erhalten, wenn die Präparate nicht sehr bald in erhärtende und conservirende Flüssigkeiten eingelegt wurden. Dadurch und durch die felsenharte Umgebung des inneren Ohres beim Erwachsenen sind pathologisch-anatomische Untersuchungen des häutigen Labyrinthes sehr erschwert und werden solche oft genug zu gar keinem Resultate führen, wenn, wie es an akademischen Anatomien natürlich der Fall ist, die Leichen gewöhnlich zu verschiedenen Lehrzwecken dienen mussten, bevor einzelne Parthien, wie das Felsenbein, herausgeschnitten und verarbeitet werden können.

Daher kommt es, dass das innere Ohr noch unendlich seltener vom pathologisch-anatomischen Standpunkte erforscht wurde, als die übrigen Bestandtheile des Gehörorganes. Selbst *Joseph Toynbee*, welcher bisher weitaus die meisten Sectionen des Ohres gemacht hat, berichtet nur in einigen wenigen Fällen von Abnormitäten im häutigen Labyrinthe und selbst da ist es theilweise zweifelhaft, ob die danebenstehenden Paukenhöhlenprozesse nicht das Primäre und die im inneren Ohre sich findenden Veränderungen, meist Atrophie des häutigen Labyrinthes, nicht secundär erst durch eine langjährige Taubheit bedingt waren. Ich selbst erwähnte in den bisher von mir

veröffentlichten 16 Sektionen von Schwerhörigen ebenfalls nur ausnahmsweise den Zustand des häutigen Labyrinthes, hauptsächlich weil
mir der Befund in den übrigen Theilen zur Erklärung der jedesmaligen Schwerhörigkeit genügte, und ich nicht pflege, in die Ferne
zu schweifen, wo das Brauchbare näher liegt, zumal ich in der Regel
meine Zeit sehr zusammenhalten muss. *Voltolini* endlich, welcher
mir diesen, von mir ohne alle Gewissensbisse zugestandenen „Mangel"
sehr schwer anzurechnen (*Virchow's* Archiv B. XVIII. S. 35) und das
Labyrinth fleissiger zu durchforschen scheint, kann ebenfalls nichts
von primären Alterationen des Labyrinthes berichten, sondern nur von
solchen, wie sie Entzündung und Caries des benachbarten Knochen
auch dorthin verpflanzte.

Von pathologisch-anatomischer Seite besitzen wir somit eigentlich
noch gar Nichts, oder nahezu gar Nichts, was uns über die Häufigkeit oder Seltenheit primärer Labyrintherkrankungen
belehren könnte und stimme ich hierüber ganz dem Ausspruche *Rau's*
bei, wenn er S. 266 seines gediegenen Lehrbuches der Ohrenheilkunde
sagt: „Ob das Labyrinth jemals ursprünglich und isolirt von einer
Entzündung befallen werden könne, ist durch keine einzige unumstössliche Thatsache bewiesen." Von klinischer Seite wissen wir
eben so wenig hierüber, indem uns jeder spezielle diagnostische
Anhaltspunkt zur Annahme von Labyrinthleiden fehlt, und wir in
der Regel nur aus allgemeinen Gründen und per exclusionem eine
solche Wahrscheinlichkeits-Diagnose stellen können; auch kann ja
die klinische Beobachtung bei Theilen, welche unserer direkten Anschauung entrückt sind, erst dann volle Beweiskraft erhalten, wenn
sie die Probe der Obduktion bestanden hat.

Erhard freilich stellt in seiner „rationellen Otiatrik, nach klinischen Beobachtungen bearbeitet" (Erlangen 1859) eine ganze Reihe von Erkrankungsformen des inneren Ohres auf, als da sind „Apoplexien und deren Producte",
„Hyperämien, Hypertrophien und Atrophien der Tunica nervea", "Anomalien
des Labyrinthswassers", „wahre dynamische Neurosen und Rheumatismus des
Nervus acusticus", „fehlerhafte Blutcirculation und fehlerhafte Innervation mit
Reflextaubheit in der Tunica retina" &c. &c. &c. und erzählt mit staunenswerther Ruhe und Sicherheit ganz genau die Symptome, welche jeder einzelnen
dieser Krankheiten zukommen! *Erhard* weiss natürlich von den Erkrankungen
des Labyrinthes gerade so viel, als Andere — nämlich Nichts und sind das
Alles Phantastereien, nicht geeignet, eine Spezialität vorwärts zu bringen, in
welcher wissenschaftlicher Ernst und Verachtung jedes Schwindels doppelt
Noth thun.

Wenn uns somit weder die pathologische Anatomie noch die
klinische Beobachtung den Aufschluss darüber geben kann, ob bisher

mit Recht oder Unrecht die Diagnose „nervöse Schwerhörigkeit" so ungemein häufig gemacht wird, so müssen wir auf analoge Verhältnisse an verwandten Organen z. B. am Sehapparat zurückgehen und zugleich die nutritive Stellung und die Entwicklungsgeschichte des inneren Ohres kurz in Betracht ziehen. Das innere Ohr steht, was Ernährung und Entwicklung betrifft, durchaus selbständig den übrigen Theilen des Gehörorganes gegenüber. Seine Arterie, die Arteria auditiva interna kommt nicht, wie die Gefässe des äusseren und mittleren Ohres von aussen, und aus dem Bezirke der Carotis, sondern vom Gehirne und stammt aus dem Gebiete der Subclavia. Sie entspringt entweder unmittelbar aus der Basilaris oder aus deren Arteria cerebelli anterior. Constante directe Verbindungen zwischen den Gefässen des mittleren und des inneren Ohres scheinen nach den bisherigen Untersuchungen nicht stattzufinden, so dass also secundäre Ernährungsstörungen des Labyrinthes nur von Alterationen im Gehirne und von Prozessen in der Schädelhöhle, nicht aber von solchen in den äusseren Ohrabschnitten hervorgerufen werden könnten. Eben so erweist die Entwicklungsgeschichte die von Anfang an bestehende Selbstständigkeit des Labyrinthes. Während die Paukenhöhle mit der Tuba aus dem Kiemenapparate, oder, wie *Arnold* und *v. Bär* behaupten, aus einer Ausstülpung der Schlundschleimhaut hervorgeht, entwickelt sich das innere Ohr aus dem Emmert'schen Ohrbläschen, einer Hervorstülpung der Hirnblase. Das Labyrinth entsteht ferner viel früher als das Felsenbein, und geht seine Ossifikation durchaus unabhängig von der Verknöcherung des äusseren Umfanges dieses Knochens vor sich. Auch später erweist sich der Theil des Felsenbeines, welcher das Labyrinth umschliesst, noch als eine geschlossene Ernährungseinheit und stellte ich früher (a. a. O. S. 47) mehrere Fälle von isolirtem nekrotischem Absterben gerade dieser Parthie zusammen. Gehen wir zur Betrachtung der analogen Verhältnisse am Auge über, so sind daselbst bekanntermassen Erkrankungen der Retina und des Opticus unendlich seltener, als Affectionen der äusseren Hüllen und der brechenden Medien, und doch gestalten sich am Sehorgan die Verhältnisse noch ungleich günstiger für Entwicklung von Ernährungsstörungen im nervösen Apparate, als dies beim Ohre der Fall ist. Die Retina und der Eintritt des Sehnerven liegen in einer elastischen Kugel, welche äusseren Einflüssen und Insulten ebenso ausgesetzt ist, wie einer Druckveränderung von innen; die Retina steht ferner in mehrfacher Abhängigkeit nicht nur vom Gehirne, sondern auch von der Chorioidea und dem Glaskörper, während der nervöse Apparat des Ohres in seiner Ernährung nur unter glei-

chem Einflusse mit dem Gehirne steht, und auch durch seine Lage
in Mitten einer starken Schichte des härtesten Knochens und von der
Körperoberfläche ziemlich entfernt, allen äusseren Einflüssen mit
Ausnahme stärkerer Traumen und Erschütterungen entzogen ist.

Es lässt sich somit nach dem bisherigen Stande der Dinge mit
grösster Wahrscheinlichkeit annehmen, dass primäre Erkrankungen
des Labyrinthes, also idiopathische „nervöse Schwerhörigkeiten" ungleich seltener als Leiden des äusseren und mittleren Ohres sind,
und solche, wenn secundärer Natur, am öftesten von Gehirnaffectionen
oder von Veränderungen an jenen Theilen bedingt sind, welche zugleich
der Paukenhöhle angehören und welche, wie wir gesehen haben,
allerdings sehr häufig pathologische Erscheinungen darbieten — es
sind dies das runde und das ovale Fenster, welche beide innen einen
Ueberzug von dem Periost des Labyrinthes erhalten. Ausserdem
können natürlich eiterige, cariöse Prozesse sich von aussen einen
Weg nach innen bahnen, wie dies schon erwähnt wurde. Jedenfalls
darf aber die Diagnose „nervöse Schwerhörigkeit" nur dann gemacht
werden, wenn durchaus keine Veränderung an den unseren Sinnen
zugänglichen Theilen sich darbietet, auf welche die Functionsstörung
bezogen werden könnte. Es setzt dies natürlich eine sehr genaue
Kenntniss von der normalen Beschaffenheit der Theile, und eine
gründliche Fähigkeit auch feinere Veränderungen, z. B. am Trommelfell zu erkennen, voraus; wie es mit beiden Erfordernissen bei der
Mehrzahl selbst der geübtesten Ohrenärzte steht und wie bisher selbst
sehr grobe Abnormitäten an letzterem Organe fast allenthalben übersehen wurden, haben wir bereits erwähnt. Es ist damit gesagt, was
wir von der bisherigen Häufigkeit der Diagnose „nervöse Schwerhörigkeit" zu halten haben. Hat man doch immer in allen Zweigen
der Medizin, je weiter zurück man war in anatomischen Kenntnissen
und in exacter Untersuchung, desto mehr Leiden für nervös erklärt
und je mehr wir uns nach beiden Richtungen vervollkommnen, desto
mehr materielle Substrate für die pathologischen Erscheinungen bieten
sich unserem erweiterten Gesichtskreise dar und desto seltener wird
eine solche Diagnose, welche in der Regel nur die Stelle eines Lücken-
büssers spielt. — Noch Eines muss ich erwähnen, auch der Grad der
Schwerhörigkeit weisst uns nicht leicht mit absoluter Sicherheit auf
ein Labyrinthleiden hin: auch Affectionen im mittleren Ohre können
äusserst hochgradige Taubheit bedingen, wie das die Beobachtung
lehrt. Ich erinnere mich eines Lokomotivführers, der seit Wochen
so taub war, dass er sich von der Bewegung seiner Maschine nur
durch das Gefühl und das Gesicht, nicht mehr durch das Gehör über-

96

zeugen konnte und dem man sich, selbst mittelst Hörrohr, nur mit grosser Anstrengung der Stimmmittel verständlich machen konnte. Der Befund am Trommelfell zeigte hochgradige Veränderungen in der Paukenhöhle und bereits nach dem ersten Lufteinblasen durch den Katheter war eine Unterhaltung ohne Hörrohr ermöglicht.

Ueber den sonst nirgends angenommenen direkten Zusammenhang der Gefässe der Paukenhöhle und des Labyrinthes kann ich nur zwei Angaben auffinden. Einmal bildet *Arnold* in seine Icones organorum sensuum Fasc. II. Tab. VI. Fig. 18. ein direkt von der Paukenhöhle ins Labyrinth übertretendes Gefäss ab; nämlich die unter der Schleimhaut gelegene und den Nervus Jacobsonii auf seinem Verlaufe über das Promontorium begleitende Arterie gibt von da einen „Ramulus per fenestram ovalem vestibulum intrans" ab, welcher gar nicht unbedeutend ist. Es müsste somit das um den Steigbügeltritt herumliegende zarte Ligamentum annulare von einer Arterie durchbohrt werden. So sonderbar dies aussieht, so lässt sich an der Wahrheit der Zeichnung und somit des Sachverhaltes nicht zweifeln, indessen muss man doch fragen, ob es sich hier nicht um eine grosse Rarität, einen ganz exzeptionellen Fall handelt. Ich finde nämlich nirgends etwas von einem solchen auffallenden Gefässe angegeben, und soviele gelungene Carmininjektionen der Paukenhöhle ich besitze, nirgends konnte ich auch nur eine Andeutung eines solchen Verlaufes eines Gefässes durch das ovale Fenster nachweisen, und was mich am meisten befremdet, ist, dass *Arnold* selbst in seinem ausführlichen Handbuche der Anatomie, wo das Gefässnetz des Promontorium mehrmals geschildert, in seiner Abkunft und in seinem Verlaufe genau beschrieben ist, einen solchen Ast nicht wieder erwähnt, obwohl derselbe nach der Zeichnung keineswegs zu den kleineren gehört. Wäre die Abbildung unter einer wenig bedeutenden Autorität erschienen, als die *Fr. Arnold's* ist, so könnte man denken, es liege hier ein Irrthum vor, etwa eine Verwechslung mit jener Arterie, welche durch die Schenkel des Steigbügels verläuft, und auf welche, als interessante Thierähnlichkeit, *Hyrtl* namentlich aufmerksam gemacht hat *). Wäre diese Arterie nur theilweise von Injektionsmasse erfüllt, so könnte sie allerdings leicht ein ähnliches Bild darbieten. — Eine weitere Angabe über diesen auch praktisch sehr wichtigen Gegenstand finde ich in *Gerlach's* „mikroskopischen Studien". In dem Abschnitte über den feineren Bau des Trommelfells sagt er daselbst S. 63. „Ich habe das innere in der Schleimhaut befindliche Gefässnetz des Trommelfells einmal isolirt dargestellt bei einer Injektion des Gehirnes, welche nach Unterbindung der beiden Art. vertebrales von den beiden inneren Carotiden aus vorgenommen wurde. Die Füllung des inneren Trommelfellnetzes erfolgte hier wohl durch Anastomosen zwischen der Art. auditiva interna und den Arterien der Trommelhöhle." *Gerlach* nimmt somit Gefässverbindungen zwischen dem Labyrinthe und der Paukenhöhle an; es fragt sich nur, gibt es solche direkter Art, oder nur Anastomosen auf langem Umwege? Letztere, natürlich ohne praktische Bedeutung, existiren fast allenthalben und zwischen den verschiedensten Organen. Weiter fragt es sich, hat *Gerlach* die Carotis

---

*) „Vergleichend-anatomische Untersuchungen über das innere Gehörorgan des Menschen und der Säugethiere." Prag 1845. (S. 40.)

interna, wie wohl am wahrscheinlichsten, vor ihrem Eintritte in's Felsenbein oder nach ihrem Austritte aus demselben injizirt? Im ersteren Falle bekommt man fast constant eine ziemlich gute Erfüllung der Gefässe der Paukenhöhle und der inneren Trommelfellperipherie, und besitze ich solcher Präparate eine ziemliche Anzahl durch die Güte von Prof. *H. Müller*, welcher behufs Studiums der Augengefässe solche Injektionen ziemlich häufig vornimmt und zwar ebenfalls mit *Gerlach's* Carmin-Leimlösung. Den wesentlichsten Vermittler werden hiebei die kleinen Arteriae carotico-tympanicae spielen, welche in wechselnder Anzahl, aber stets vorhanden, von der Carotis int. während ihres Verlaufes hinter der Tuba an die Paukenhöhle abgegeben werden. Da bei den Schädeln Erwachsener, die Prof. *Müller* benützt, das Gehirn stets herausgenommen ist, wird die Carotis interna im Schädel nach dem Abgang der Ophthalmica stets unterbunden und kann hier von einer Betheiligung der Acustica interna bei Füllung der Paukenhöhlengefässe keine Rede sein. Möglicherweise könnte auch die Verbindung der Endäste der Ophthalmica mit dem Gebiete der Carotis externa mittelst der Angularis und Dorsalis nasi der Paukenhöhle Injectionsmasse durch die Stylomastoidea, Pharyngea ascendens und Meningea media zuführen, doch müssten sich dann stets deutliche Spuren der Farbmasse im ganzen Gesichte zeigen, was nicht immer der Fall ist. Häufiger trifft man nach derartigen Injectionen der Carotis interna auch das Gebiet der Meningea media erfüllt, was sich durch Anastomosen derselben mit der Meningea antica aus der Ethmoidalis der Ophthalmica erklärt. Die letztgenannten Wege zur Paukenhöhle stünden sämmtlich offen, auch wenn die Carotis interna erst nach ihrem Austritte aus dem Felsenbeine und nach dem Abgange der Rami carotico-tympanici injicirt würde — was indessen der Technik halber kaum ausführbar ist — und ist somit eine Füllung der Paukenhöhlengefässe von genannter Arterie aus nach meiner Ansicht noch kein Beweiss, dass dieselbe durch Vermittlung der Auditiva interna vor sich gegangen ist. Der einzige sichere Weg zur Kenntniss etwaiger directer Gefäss-Verbindungen zwischen mittlerem und innerem Ohr wäre eine isolirte Einspritzung der Auditiva interna, deren Ausführung freilich grosse Schwierigkeit haben wird. Am ehesten würden sich vielleicht solche finden im Fallopischen Canale, welcher an und für sich bereits eine gewisse Vermittlung zwischen diesen beiden Sphären des Gehörorganes herstellt. — Der leichteren Verständlichkeit wegen erwähnte ich oben, wo von der Theilung des Acusticus in seine Hauptäste die Rede war, nicht, dass der Schneckennerv auch einen Ast zum runden Säckchen abgibt, der Vorhofnerv somit nur das elliptische Säckchen mit den Ampullen versorgt.

§. 37.

Der Hörnerve dringt bekanntlich gemeinschaftlich mit dem Facialis in den inneren Gehörgang ein, und verlaufen auch beide eine Strecke weit neben einander, so dass sie vor *Sömmering* für Ein zusammengehörendes Nervenpaar gehalten wurden. Der Acusticus ist etwas dicker und lässt sich durch seine Lage weiter hinten wie durch seine weichere Beschaffenheit (daher früher Portio mollis, während der Facialis Portio dura genannt wurde) von seinem Genossen unterscheiden. Da derselbe im Grunde des Porus acust. internus sich pinselförmig in eine grosse Menge feiner Fädchen spaltet, welche in Schnecke und Vorhof eintreten, so erklärt es sich, warum derselbe beim Herausnehmen des Gehirnes aus dem Schädel leicht abreisst, und am Gehirne hängen bleibt, so dass man am Felsenbeine manchmal vergeblich nach einem Hörnerven sucht. Unter den verschiedenen congenitalen Uebeln, welche Taubstummheit bedingen, wird auch öfter Fehlen des Acusticus aufgeführt; möglich, dass dieser Defect manchmal auf obige Weise zu Stande gekommen ist.

Wir erwähnten schon früher, dass der innere Gehörgang von einer Fortsetzung der Gehirnhäute ausgekleidet ist und dass es oft in diesem Verhältnisse beruht, wenn aus der Betheiligung des Labyrinthes oder des Canalis Fallopii an einer Entzündung der vorderen Abschnitte des Gehörorganes eine eiterige Meningitis hervorgeht. Dieses Verhältniss ist weiter von grosser Wichtigkeit für die richtige Deutung der serösen Ohrenausflüsse nach Schlag oder Fall auf den Kopf. Dieses oft in beträchtlicher Menge ausfliessende Fluidum wurde früher für Blutserum gehalten, das entweder von einem in der Nähe der Schädelfractur gelegenen Extravasate oder aus den nur schwach eingerissenen Venensinussen komme; Andere erklärten dasselbe für Labyrinthwasser, bis die genaue anatomische Untersuchung solcher Fälle und die chemische Analyse der Flüssigkeit nachwiess, dass es sich hier jedenfalls um Liquor cerebro-spinalis handelt. Da derselbe im Subarachnoideal-Raum sich befindet, und dieser bis in den inneren Gehörgang sich hinein erstreckt, so begreift es sich, wie durch eine Fractur der Schädelbasis, welche durch den inneren Gehörgang auf das Labyrinth und die Paukenhöhle sich fortsetzt und mit einem Einriss der Hirnhäute und des Trommelfells verbunden ist, diese Flüssigkeit aus der Schädelhöhle durch den äusseren Gehörgang sich ergiessen kann. Aus dem Ausfliessen einer grösseren Menge wasserheller Flüssigkeit von salzigem Geschmacke aus dem Ohre, welche arm an Eiweiss und reich an Kochsalz ist, kann man daher stets auf eine Verletzung an der Schädelbasis schliessen. Unrichtig ist die Angabe, dass mit einem solchen serösen Ohrenausflusse nothwendig eine lethale Prognose verbunden sei, indem eine ziemliche Reihe von Kranken, welche dieses Zeichen in hohem Grade darboten, wieder genasen, ja merkwürdigerweise ihr Gehör auf der verletzten Seite zum Theile wieder erhalten haben sollen. Jedenfalls hat aber ein seröser Ausfluss nach einer Kopfverletzung eine weit ernstere Bedeutung, als ein rein blutiger, selbst wenn letzterer mehrere Tage dauerte, indem jener stets einen Einriss der Gehirnhüllen voraussetzt, mit diesem aber möglicherweise nur eine Verletzung der oberflächlich gelegenen Schädelparthie, ja selbst nur der Weichtheile des Ohres verbunden ist.

Die Literatur über diesen interessanten und lange strittigen Gegenstand findet sich zusammengestellt in *Bruns'* chirurg. Handbuche (I. S. 324) und in *Luschka's* Abhandlung „die Adergeflechte des menschl. Gehirnes" (Berlin 1855. S. 78). Zu den am ersteren Orte angeführten Fällen von Genesung nach solchem serösen Ausflüssen lassen sich jetzt noch mehrere hinzufügen, so einer aus der *Ried'*schen Klinik in Jena, beschrieben in der Dissertation von *Thomas* „de fracturis ossis temporum una cum otorrhoea sanguinea vel aquosa" (Jenae 1855), einer aus *Pitha's* Klinik in Prag (Prager Vierteljahrschrift 1858. I.) und einer aus dem *Guy's* Hospital in London (Med. Times und Gazette 1859. p. 631). Einen sehr merkwürdigen Fall, wo der starke seröse Ausfluss reicher an Eiweiss als an Kochsalz war, der Kranke genas und die 3 Jahre nachher gemachte Section keine Verletzung an der Schädelbasis, dagegen neben einer linearen Narbe im Trommelfell eine nicht vereinigte Fractur des Steigbügels nachwies, durch welche Paukenhöhle und Labyrinth in offener Communication mit einander standen, berichtet der Italiener *Fedi* (s. Canstatt's Jahresbericht von 1858. *Bardeleben's* chirurg. Referat. S. 56). *Fedi* spricht sich für diesen Fall zu Gunsten der sonst aufgegebenen *Robert-Marjolin'*schen Erklärung aus, dass der seröse Ausfluss aus Liquor Cotunni, Labyrinthwasser, bestünde; die Aufhebung des enormen Druckes, unter welchem die betreffenden Gefässe sonst stünden, erkläre die Menge der gelieferten Flüssigkeit.

Arthur Böttcher, dem die Anatomie der Schnecke so Vieles zu verdanken hat, berichtet in *Virchow's* Archiv (B. XII. S. 104) von einem äusserst häufigen Vorkommen von Kalkablagerungen in der Beinhaut des inneren Gehörganges, welche nahezu bei allen Erwachsenen, in zunehmender Menge bei älteren Personen sich finden, spricht sich aber selbst dafür aus, dass eine Beeinträchtigung der Hörfunction nur bei massenhafter Anhäufung und bei Uebergreifen derselben auf das Neurilem des Acusticus anzunehmen sei.

Noch muss ich bemerken, dass Praktiker sich zuweilen des Ausdruckes „innere und äussere Gehörgänge" bedienen und dabei unter ersterem die Ohrtrompete, keineswegs den Porus acusticus internus verstehen. Es ist dies eine Ungenauigkeit des Ausdruckes, die man um so mehr rügen muss, wenn sie in so allgemein verbreiteten Büchern, wie *Helfft's* Balneotherapie vorkommt.

Anhang.

§. 38.

Die Untersuchung des Ohres an der Leiche.

Ich habe mich über die am Gehörorgane einzuschlagende Sectionstechnik bereits vor zwei Jahren in *Virchow's* Archiv (XIII. B. 6. Heft) geäussert, glaube indessen, man wird bei der grossen praktischen Wichtigkeit dieses Gegenstandes einige Wiederholungen entschuldigen,

zumal seit dieser Zeit die Anzahl meiner Sectionen des Ohres um
nahezu einhundert sich vergrössert und dadurch mein Verfahren einmal sich in mancher Beziehung erweitert, dann aber jedenfalls eine
weitere Probe der Brauchbarkeit bestanden hat. Letzteres betone
ich namentlich gegenüber mehreren Mittheilungen, welche seitdem
über denselben Gegenstand erschienen sind und von denen ich glaube,
dass ihre Autoren selbst sie sehr bald für weit weniger praktisch halten
werden, sobald sie nur einmal mehr Ohrensectionen gemacht haben.

Gleich Anfangs muss ich der fast allgemein verbreiteten Ansicht entgegentreten, als erfordere eine gründliche Untersuchung der
Gehörorgane, dass man die Leiche ohne alle weiteren Rücksichten
zur Verfügung habe und dass es dabei nie ohne sehr sichtbare Ver-
stümmelungen derselben abgehen könne. Ohne die Theile aus dem
Schädel heraus zu nehmen, kann man allerdings nie dieselben genauer
durchsehen, allein diese Entfernung der wichtigen Parthien lässt sich
auch in sehr schonender Weise anstellen. Betrachten wir zuerst die
verschiedenen Methoden, die uns hiebei zu Gebote stehen.

Am einfachsten, schnellsten und gründlichsten kommt man zum
Ziele, wenn man (nach Hinwegnahme des Schädeldaches und des
Gehirnes) zwei vertikale Sägeschnitte führt, von denen der eine etwas
hinter die Warzenfortsätze zu liegen kommt und der andere durch
die kleinen Flügel des Keilbeins und die Mitte der Jochfortsätze
geht, und nun beide bis durch die Schädelbasis hindurchdringen lässt.
Exartikulirt man sodann den Unterkiefer und trennt die Verbindung
zwischen Atlas und Hinterhaupt, so hat man mit einigen kräftigen
Messerschnitten alle uns hier interessirenden Theile isolirt, die Felsenbeine nämlich mit den Querblutleitern, sowie den Eustachischen
Trompeten mit der Schleimhaut des Rachens von den Choanen bis
zur vorderen Fläche der Wirbelsäule. Da nun die Gesichtsfläche,
jedes Haltes entbehrend, gegen das Hinterhaupt zurücksinkt, so muss
man in manchen Fällen die Lücke durch Stroh oder ein Stück Holz
u. dgl. ausfüllen, und wird man selbst bei dieser gründlichen Entfernungsweise allen etwa nothwendigen ästhetischen Anforderungen
Genüge leisten können, zumal wenn man die Ohrmuschel nicht mit-
nimmt und nur den einen, den hinteren Schnitt auch durch die Haut
führt. Man kann dann von hinten die Haut mit der vom Gehörgange
getrennten Muschel ausgiebig nach vorne abpräpariren, und nach
Befriedigung unserer wissenschaftlichen Pflicht die Hautwunde zu-
sammennähen. Eine so behandelte Leiche kann selbst von arg-
wöhnischen Augen besichtigt werden, ohne dass der Defect wahrge-
nommen wird.

Weniger gut ist es, wenn man aus irgend welchen Rücksichten z. B. wegen Mangel einer genügend grossen Säge die Schläfenbeine einzeln entfernen muss. Zu diesem Zwecke lässt man die oben erwähnten Linien gegen das Keilbein zu convergiren, so dass dieses und die Pars basilaris des Hinterhauptsbeines nicht durchschnitten werden und bricht nun mittelst Meissel jedes Felsenbein für sich heraus, während man durch Messerschnitte nachhilft, welche namentlich nach vorn und unten gegen den Rachen zu möglichst ausgiebig geführt werden müssen, um von diesen Theilen noch das Nothwendigste mit zu erhalten. Auf diese Weise bekommt man indessen das Nasopharyngealcavum höchstens in einigen Bruchstücken und nicht im Zusammenhange zur Ansicht, wie dies nach der ersten Entfernungsweise geschieht. Dies ist insofern unangenehm, als wir dort gerade den Ausgangspunkt vieler Ohrenleiden zu suchen haben und an und unter der Schleimhaut des Schlundkopfes sehr viele Veränderungen, hyperämische und ulzerative Zustände, allgemeine und partielle Wucherungen, Falten- und Taschenbildungen, submucöse Abszesse und Geschwülste u. s. w. vorkommen, von welchen Zuständen wir bisher sehr wenig wissen, so dass von der rhinoskopischen Untersuchung zu Lebzeiten und der anatomischen an der Leiche noch viel Neues zu Tage gefördert werden kann.

Hätte man ja alle äusseren Spuren der Schädelresection zu vermeiden, so könnte man die Schläfenschuppe in situ lassen und die Pyramide von ihr durch Meissel und Hammer abtrennen, so dass dieser auf die obere Wand der inneren Hälfte des knöchernen Gehörganges kurz vor dem Trommelfell aufgesetzt würde, etwa da, wo der Durchschnitt zu Fig. I. gewonnen ist. Auf dieselbe Weise trennt man dann die Nathverbindungen der Pyramide und hebt sie unter Nachhülfe des Messers heraus. Hiebei wird man aber leicht Gefahr laufen, Knochenfissuren an Stellen hervorzurufen, wo man sie nicht wünscht.

Hat man auf die eine oder andere Weise das Schläfenbein entfernt, so thut man am Besten, zuerst die vordere Wand des Gehörganges mittelst Scheere und Knochenzange abzutragen, um die äussere Fläche des Trommelfells zu Gesicht zu bekommen. Nachdem dasselbe nach seinen Eigenschaften erforscht ist, wendet man sich zur Tuba, und öffnet den membranösen Theil seines knorpeligen Abschnittes mit der Scheere. Ist man zur knöchernen Tuba vorgedrungen, so trage man Stückchen für Stückchen derselben ab und prüfe dabei stets in eintretenden Pausen die Beschaffenheit ihrer Schleimhaut und die Weite des Lumens. Dabei halte man sich nach aussen gegen die Schuppe des Schläfenbeins zu, um den nach innen verlaufenden Musc. tensor tympani in seiner ganzen Länge zu schonen. Je näher man zur Paukenhöhle vorrückt, desto langsamer arbeite man und besichtige stets die etwa gegen das Orificium tympanicum vorkommenden Wulstungen oder Strang- und Faltenbildungen, welche häufig auf das Trommelfell selbst übergehen. Häufig lasse ich den obersten Theil der Tuba vorläufig uneröffnet und nehme zuerst das Dach der Paukenhöhle weg, um die Theile von oben besser übersehen zu können. Hiebei bedenke man, dass dicht unter dem Tegmen tympani der Kopf des Hammers sich befindet, welchen mit der Knochenzange oder Pinzette zu berühren, man sich hüten muss. Man beginne daher das Tegmen tympani von hinten vom Warzenfortsatz aus zu eröffnen, indem man dann schon vorher eine bessere Uebersicht über die Lage des Hammers bekommt. Beim Bloslegen des Mittelohres von oben benützt man am besten die Spitze einer gewöhnlichen kräftigen Pinzette, mit welcher man die einzelnen Stückchen abbricht, nachdem mit der Knochenzange einmal eine Bresche geschaffen ist. Hat man sich nun eine genügende Einsicht in die von oben freigelegte Paukenhöhle verschafft, so prüfe man die Beweglichkeit im Hammer-Ambosgelenk, wie die des Steigbügels mittelst einer feinen Pinzette, beachte alle etwaigen Adhäsionen und abnormen Verbindungen. Sind solche da und will man sich eine genauere Ansicht über deren Ausdehnung, Umfang u. s. w. verschaffen, ohne das Präparat zu verderben, so thut man am besten, mittelst einer kleinen Säge den vorderen Theil der Pyramide in einer Ebene zu durchschneiden, welche auf das Trommelfell ungefähr im rechten Winkel trifft und dann das vordere abgesägte Stück am Boden der Paukenhöhle abzubrechen, so dass man auch seitwärts und von unten dieselben inspiziren kann, ohne dass das Trommelfell aus seiner Lage und die Adhäsionen aus ihrem Zusammenhange mit demselben gestört werden. Solche Durchschnitte der Paukenhöhle, ähnlich wie Fig. IV., sind in vielen Fällen sehr instructiv; da man hiebei aber einen Theil des Labyrinthes durchsägen muss, so ist dasselbe vorher in noch zu erwähnender Weise in Angriff zu nehmen, wenn man überhaupt für indizirt findet, dasselbe im vorliegenden Falle zu untersuchen. Zieht man es vor, eine totale Flächenansicht von der Innenseite des Trommelfells und von der Labyrinthwand zu erhalten, so muss das Schläfenbein in zwei Theile getrennt werden, Pyramide einerseits, Schuppe und Warze andererseits. Hiezu schneidet man zuerst die Sehne des Trommelfellspanners durch, und trennt mittelst eines zarten Messers die Gelenkverbindung zwischen Steigbügel und Ambos (resp. Sylvischem Beinchen). Nachdem die Zellen des Warzenfortsatzes von oben und von hinten aufgebrochen wurden, wendet man sich zur unteren Fläche des Felsenbeins, wobei Sinus transversus mit ihrem Uebergang in die V. jugularis und die Carotis interna in ihrem Kanal genauer gewürdigt werden. Trennt man nun mittelst spitzer schneidender Knochenzange die Lamelle zwischen knöcherner Tuba und Canalis caroticus und sodann die Scheidewand zwischen letzterem und der Grube für den Bulbus venae jugularis, so zerspringt in der Regel das Präparat in die beiden gewünschten Hälften und hat man nur einige Scheerenschnitte durch die noch restirenden Weichtheile, die Paukenhöhlenschleimhaut und den N. facialis zu machen. Die äussere Hälfte zeigt uns einen Theil der Zitzenzellen und die Innenfläche des Trommelfells mit Hammer, Ambos und der vorderen Wand der knöchernen Tuba. Wird der Ambos vorsichtig aus seiner Gelenkverbindung mit dem Hammerkopfe gelöst, so bekommt man die Chorda Tympani in ihrem ganzen Verlaufe durch die Paukenhöhle, den Ansatz der M. tensor tymp. und die beiden Taschen zur freien Ansicht (wie in Fig. II. dargestellt), kann letztere in Bezug auf Inhalt, etwaige Verwachsungen u. s. w. prüfen, von der Beschaffenheit des Trommelfells und dem Grade seiner Durchscheinendheit sich überzeugen und endlich, wenn man will, dasselbe von innen aus seiner Anheftung ringsum ablösen. Zur mikroscopischen Strukturprüfung genügt es meist, einen Sector herauszuschneiden. Die andere innere Hälfte unseres Präparates besteht im Wesentlichen aus der Pyramide und lässt uns die Labyrinthwand in all ihren Einzelnheiten überblicken (wie in Fig. III.). Häufig wird bei der oben geschilderten Sprengung des Schläfenbeins die Eminentia pyramidalis geöffnet, so dass der M. stapedius wie der M. tensor tymp. blosliegt und zur mikroskopischen Untersuchung verwendet werden kann. Man überzeuge sich nun von der Beschaffenheit des runden Fensters, seines Kanales und seiner Membran und wiederholt von der Beweglichkeit des Steigbügels durch einen zarten Zug an seiner Sehne und durch vorsichtige Versuche an seinen Schenkeln, welche namentlich leicht abbrechen, wenn derselbe abnorm fixirt ist. Zur gründlicheren Anschauung bekömmt man die Membran des runden wie des ovalen Fensters erst von innen, von Vorhof und Schnecke aus und können dieselben mikroskopisch erst nach der Eröffnung des Labyrinthes untersucht werden.

In Fällen, wo uns auf die Untersuchung des inneren Ohres viel ankömmt, und das Präparat noch leidlich frisch ist, thut man am besten, diesen Theil vor allen anderen vorzunehmen; ist es schon älter, so legt man es vorher einige Tage in eine weingelbe Lösung von Chromsäure oder von chromsaurem Kali. (Letzteres ist schon aus Rücksicht für die Schärfe der Instrumente vorzuziehen, welche unter Chromsäure-Präparaten sehr leidet; ausserdem mache ich darauf aufmerksam, dass die aus kohlensaurem Kalk bestehenden Otolithen auch von schwacher Chromsäurelösung aufgelöst werden, man sich daher nicht wundern darf, keine Gehörsteine zu finden, wenn das Präparat in dieser Flüssigkeit aufgehoben wurde.) Zuerst untersucht man den N. acusticus, indem man den inneren Gehörgang von oben aufbricht und ihn so neben dem Facialis bloslegt. Bei der mikroskopischen Prüfung sind Parallelversuche mit dem Facialis oder anderen Nerven sehr anzurathen. Verfolgt man nun den Fallopischen Kanal von der Paukenhöhle und dem Knie des Facialis aus, so hat man die wichtigsten Theile des Labyrinths, Schnecke und Vorhof zu beiden Seiten unter diesem Nerven liegen und können dieselben ganz leicht von oben eröffnet werden. In der Schnecke wird man häufig, wie erwähnt, höchstens sehr grobe Veränderungen, etwaige Eiterungen, umfangreichere Extravasate u. dgl. eruiren können und erinnere ich hiebei, dass auch im Normalem oft viel Pigment in ihrer Auskleidung zu finden ist. Mehr Ausbeute bietet der Vorhof, dessen Säckchen sowie die Ampullen die Nervenendigungen oft noch sehr deutlich zeigen, und dessen schönes Plattenepithel in der Regel lange erhalten bleibt. Der obere Bogengang wird häufig schon beim Bloslegen der Paukenhöhle, jedenfalls beim Aufbrechen der Labyrinthhöhlen eröffnet. Die halbzirkelförmigen Kanäle sämmtlich ihrem ganzen Verlaufe nach aufzumeisseln, wie dies *Voltolini* anräth (*Virchow*'s Archiv XVIII. Bd. S. 39), ist sehr zeitraubend und in der Regel unnöthig, da man vom Vorhofe aus ihre häutige Auskleidung aus ihren Knochenröhren ganz gut herausziehen und dann weiter verwenden kann. Schliesslich prüft man noch von innen die Beschaffenheit des ovalen Fensters, die Durchsichtigkeit des den Steigbügel-Fusstritt umgebenden häutigen Ringes, wie die der Membrana tympani secundaria und kann diese Theile nun bequem bloslegen und zur mikroskopischen Untersuchung herausnehmen.

Somit hätten sämmtliche wesentliche Theile des Gehörorganes die Revue passirt, sowohl im Einzelnen, wie im Zusammenhange mit den übrigen Parthien und lässt sich diese Methode der Zergliederung auch für das anatomische Studium des Ohres empfehlen.

Von selbst versteht es sich, dass in manchen besonderen Fällen

von dem hier im Allgemeinen angegebenen Untersuchungsgange mehr
oder weniger abgewichen werden muss.

Bei manchen pathologischen Sectionen ist es natürlich sehr wünschenswerth, Mittheilung zu erhalten von den Gehirnparthien, welche in
Beziehung zum Gehörnerven stehen und aus denen er entspringt, so
namentlich vom vierten Ventrikel, dessen Ependym und Umgebung.
(*Hyrtl* fand bei drei Taubstummen Mangel der Wrisbergischen Streifen,
Wenzel öfter bei Taubheit Schwund der grauen Leistchen (Alae
cinereae) der Rautengrube, aus welcher der Hörnerve seinen Ursprung
nimmt, und *Herm. Meyer* beschrieb vor Kurzem in Virchow's Archiv
(XIV. B.) die Section eines Taubstummen, bei welchem sich das
Ependym aller Gehirnhöhlen namentlich aber am Boden des vierten
Ventrikels sehr stark verdickt zeigte, also Spuren einer früher be-
standenen Meningitis interna aufwiess, welche Erkrankungsform im
Fötalleben nicht gar selten sein soll.)

Zu solchen Arbeiten braucht man neben den Instrumenten,
welche jedes anatomische Besteck enthält, noch eine oder zwei
Knochenzangen, nach Art der Nagelzangen gebaut. Als ganz aus-
gezeichnet erweist sich mir zu diesem Zwecke *Luër*'s sinnreiche, einen
doppelten Hohlmeissel vorstellende Resectionszange (Pince gouge de
Luër), mit welcher man ungemein sicher und mit steter Schonung
der Nachbartheile auch die kleinsten und härtesten Knochenstückchen
wegschneiden kann. Zu manchen feineren Ausarbeitungen benütze
ich Grabstichel, Handmeissel mit verschieden geformter Schneide.
Mit Hammer und feinen Meisseln kann man ganz gut arbeiten, indessen wird der, welcher nicht viel Uebung und Gewandheit in ihrer
Führung besitzt, unnöthig viele Präparate verderben. Die zum Prä-
pariren des trockenen Schläfenbeines empfohlenen Sägen sind für
unsere Zwecke nur zu vorbereiteten Arbeiten zulässig, indem selbst
bei den feinsten Sägen durch die Späne und die mit ihrer Bewegung
verbundene Quetschung und Zerrung der Weichtheile die Anschauung
der Theile sehr wesentlich getrübt wird. Dasselbe gilt von Feilen
und Raspeln. Um sicher und bequem zu hanthieren, braucht man
einen Fixirappart, wozu ich einen Schraubstock benütze. Ein Brett
mit Leiste, an die man das Präparat zu Zeiten anstemmen kann,
wird vielleicht in vielen Fällen ausreichen.

Tafelerklärung.

Fig. I. Senkrechter Durchschnitt des knöchernen Gehörganges (rechts), nahe am Trommelfell und ziemlich parallel mit ihm geführt. M. A. E. Aeusserer Gehörgang. C. Gl. M. Gelenkgrube für den Unterkiefer. Squ. Innenfläche der Schuppe. Die Dura mater ist abgezogen, man sieht die Erhabenheiten und Vertiefungen der inneren Schädelfläche, Juga cerebralia und Impressiones digitatae, sowie oben, wagrecht ziehend, eine Gefässrinne angedeutet. Pr. M. Zitzenfortsatz mit dem äusseren Bezirke seines Zellensystemes. F. S. Fossa sigmoidea, in welcher der Sinus transversus der Dura mater verläuft.

Fig. II. Innenfläche des Trommelfells mit den beiden Taschen (links). a. Hintere Tasche des Trommelfells. b. Vordere Tasche. c. Duplikatur des Trommelfells, durch welche die hintere Tasche gebildet wird. (Erscheint hier in Verkürzung, indem der Künstler, um den Beschauer förmlich in die Vertiefungen der Taschen hineinblicken zu lassen, das Präparat etwas schief stellte.) Ch. T. Chorda tympani. C. M. Hammerkopf. M. M. Hammergriff. T. M. Durchschnitt der Sehne des Musc. tensor tympani. T. Vordere Wand der knöchernen Ohrtrompete.

Fig. III. Flächenansicht der Labyrinthwand der Paukenhöhle mit einem Theile der hinteren Wand. a. Musculus tensor tympani, ober dem Promontorium der Durchschnitt seiner Sehne. b. Oberster Theil der knöchernen Tuba, unterbrochen durch den geöffneten Canalis caroticus. c. Carotis interna in ihrem geöffneten Kanale. d. Die Grube für den Bulbus der Vena jugularis interna. e. Eingang zum runden Fenster. f. Musculus stapedius, in seiner grösstentheils geöffneten Knochenpyramide. Oben seine Sehne, an das Köpfchen des Steigbügels gehend. g. Nervus facialis im Canalis Fallopii, welcher an der unteren Hälfte aufgebrochen ist. Oben das Knie des Facialis. h. Der horizontale Bogengang an der hervorragendsten Stelle geöffnet. i. Vorgebirge.

Fig. IV. Senkrechter Durchschnitt der Paukenhöhle. M. A. E. Aeusserer Gehörgang, an seinem Grunde das Trommelfell mit dem Hammer. C. Schnecke mit dem runden Fenster. Die Knochenwölbung ist die convexeste Stelle des Vorgebirges. V. Vorhof. T. M. Sehne des Musc. Tensor Tympani. M. T. T. Durchschnitt des Muskels selbst, dicht vor der Abgabe der Sehne. F. Durchschnitt des Facialis. F. J. Grube für den Bulbus der Vena jugularis, unter dem Boden der Paukenhöhle liegend. In der Paukenhöhle selbst sieht man im Hintergrunde den Steigbügel und den langen Schenkel des Ambos. (Der Steigbügel sollte etwas schiefer von oben nach unten gehen.)

www.ingramcontent.com/pod-product-compliance
Lightning Source LLC
Chambersburg PA
CBHW021940190326
41519CB00009B/1086